高等职业教育土建类专业"十三五"规划教材

GAODENG ZHIYE JIAOYU TUJIANLEI ZHUANYE SHISANWU GUIHUA JIAOCAI

# 工程力学

## GONGCHENGLIXUE

◎ 朱耀淮　何奎元　袁科慧　编著

U0332058

中南大学出版社
www.csupress.com.cn

# 内容简介

本书是根据教育部高等学校土建学科教学指导委员会审定的"建筑力学教学大纲"编写。全书共 12 章，主要内容有：静力学的基本概念、平面汇交力系、力矩与平面力偶系、平面一般力系、材料力学的基本概念、轴向拉伸和压缩、剪切与扭转、平面图形的几何性质、梁的弯曲、斜截面上的应力、组合变形、压杆稳定、附录(型钢规格表)。

本书内容全面，通俗易懂，具有针对性和实用性。配有练习册、工程力学实验指导书和多媒体教学课件。

本书可作为职业院校铁道工程技术、高铁维护工程技术、道路与桥梁工程技术、城市轨道工程技术、隧道与地下工程技术、建筑工程技术、建筑设计、建筑工程项目管理等专业的教材，也可作为土建类工程技术人员的参考用书。

## 高等职业教育土建类专业"十三五"规划教材编审委员会

### 主 任
（按姓氏笔画为序）

| | | | | | |
|---|---|---|---|---|---|
| 王运政 | 玉小冰 | 刘孟良 | 刘霁 | 宋国芳 | 陈安生 |
| 郑伟 | 赵慧 | 赵顺林 | 胡六星 | 彭浪 | 颜昕 |

### 副主任
（按姓氏笔画为序）

| | | | | | |
|---|---|---|---|---|---|
| 朱耀淮 | 向曙 | 庄运 | 刘文利 | 刘可定 | 刘庆潭 |
| 刘锡军 | 孙发礼 | 李娟 | 胡云珍 | 徐运明 | 黄涛 |

### 委 员
（按姓氏笔画为序）

| | | | | | |
|---|---|---|---|---|---|
| 万小华 | 王四清 | 卢滔 | 叶姝 | 吕东风 | 伍扬波 |
| 刘靖 | 刘小聪 | 刘可定 | 刘汉章 | 刘旭灵 | 刘剑勇 |
| 许博 | 阮晓玲 | 阳小群 | 孙湘晖 | 杨平 | 李龙 |
| 李奇 | 李侃 | 李鲤 | 李亚贵 | 李延超 | 李进军 |
| 李丽君 | 李海霞 | 李清奇 | 李鸿雁 | 肖飞剑 | 肖恒升 |
| 何珊 | 何立志 | 何奎元 | 宋士法 | 张小军 | 张丽姝 |
| 陈晖 | 陈翔 | 陈贤清 | 陈淳慧 | 陈婷梅 | 林孟洁 |
| 欧长贵 | 易红霞 | 罗少卿 | 周伟 | 周晖 | 周良德 |
| 项林 | 赵亚敏 | 胡蓉蓉 | 徐龙辉 | 徐运明 | 徐猛勇 |
| 高建平 | 黄光明 | 黄郎宁 | 黄桂芳 | 曹世晖 | 常爱萍 |
| 彭飞 | 彭子茂 | 彭仁娥 | 彭东黎 | 蒋荣 | 蒋建清 |
| 喻艳梅 | 曾维湘 | 曾福林 | 熊宇璟 | 魏丽梅 | 魏秀瑛 |

# 出版说明 INSTRUCTIONS

遵照《国务院关于加快发展现代职业教育的决定》(国发〔2014〕19号)提出的"服务经济社会发展和人的全面发展,推动专业设置与产业需求对接,课程内容与职业标准对接,教学过程与生产过程对接,毕业证书与职业资格证书对接"的基本原则,为全面推进高等职业院校土建类专业教育教学改革,促进高端技术技能型人才的培养,依据国家高职高专教育土建类专业教学指导委员会高等职业教育土建类专业教学基本要求,通过充分的调研,在总结吸收国内优秀高职高专教材建设经验的基础上,我们组织编写和出版了这套高职高专土建类专业"十三五"规划教材。

高职高专教学改革不断深入,土建行业工程技术日新月异,相应国家标准、规范,行业、企业标准、规范不断更新,作为课程内容载体的教材也必然要顺应教学改革和新形式的变化,适应行业的发展变化。教材建设应该按照最新的职业教育教学改革理念构建教材体系,探索新的编写思路,编写出版一套全新的、高等职业院校普遍认同的、能引导土建专业教学改革的"十三五"规划系列教材。为此,我们成立了规划教材编审委员会。规划教材编审委员会由全国30多所高职院校的权威教授、专家、院长、教学负责人、专业带头人及企业专家组成。编审委员会通过推荐、遴选,聘请了一批学术水平高、教学经验丰富、工程实践能力强的骨干教师及企业专家组成编写队伍。

本套教材具有以下特色:

1. 教材依据国家高职高专教育土建类专业教学指导委员会《高职高专土建类专业教学基本要求》编写,体现科学性、创新性、应用性;体现土建类教材的综合性、实践性、区域性、时效性等特点。

2. 适应高职高专教学改革的要求,以职业能力为主线,采用行动导向、任务驱动、项目载体,教、学、做一体化模式编写,按实际岗位所需的知识能力来选取教材内容,实现教材与工程实际的零距离"无缝对接"。

3. 体现先进性特点。将土建学科的新成果、新技术、新工艺、新材料、新知识纳入教材,结合最新国家标准、行业标准、规范编写。

4. 教材内容与工程实际紧密联系。教材案例选择符合或接近真实工程实际，有利于培养学生的工程实践能力。

5. 以社会需求为基本依据，以就业为导向，融入建筑企业岗位(八大员)职业资格考试、国家职业技能鉴定标准的相关内容，实现学历教育与职业资格认证的衔接。

6. 教材体系立体化。为了方便教师教学和学生学习，本套教材建立了多媒体教学电子课件、电子图集、教学指导、教学大纲、案例素材等教学资源支持服务平台；部分教材采用了"互联网＋"的形式出版，读者扫描书中的二维码，即可阅读丰富的工程图片、演示动画、操作视频、工程案例、拓展知识等。

高等职业教育土建类专业"十三五"规划教材

编 审 委 员 会

# 前 言 PREFACE

　　本书是根据教育部高等学校土建学科教学指导委员会审定的"建筑力学教学大纲"编写的。在编写本书时，注意了以下原则：体现高等职业教育教学改革的特点，突出针对性、适用性和实用性；吸取有关教材长处，结合编者的教学经验；重视由浅入深和理论联系实际；内容简明扼要，通俗易懂，图文配合紧密，并配有练习题册和工程力学实验指导书。

　　我们之所以写成编著是因为本书有创新之处：针对职业院校学生的特点，重要公式不按原来教材编有冗长的理论推导，也不按目前流行的职业教材完全不推导，而是注重了来源，按从特殊到一般的原则进行简易推导，这样有助于学生学习理解。另外删去了应力状态，增加了"斜截面上应力"一章，这样更加贴近于工程实际应用。

　　本书可作为职业院校铁道工程技术、道路与桥梁工程技术、城市轨道工程技术、隧道与地下工程技术、建筑工程技术、建筑设计、建筑工程项目管理等专业的教材，也可作为土建类工程技术人员的参考用书。

　　参加本书编著工作的有：湖南高速铁路职业技术学院朱耀淮副教授（绪论、第九、十、十一、十二章以及扭转剪应力、弯曲正应力、压杆临界力公式的简易推导），何奎元副教授（第六、七、八章）、袁科慧讲师（第一、二、三、四、五章）。全书由朱耀淮统稿，何奎元审读了全书。

　　鉴于编著者水平有限，本书难免有不足之处，敬请读者批评指正。

编著者

# 目 录 CONTENTS

# 绪　论

## 一、工程力学的任务

任何建筑物在施工过程中和建成后的使用过程中，都要受到各种各样力的作用。例如，建筑物各部分的自重、人和设备的重力、风力等等，这些直接施加在结构上的力在工程上统称为**荷载**。

在建筑物中承受和传递荷载而起骨架作用的部分称为**结构**。组成结构的每一个部件称为**构件**。图 0-1 是一个单层工业厂房承重骨架的示意图，它由屋面板、屋架、吊车梁、柱子及基础等构件组成，每一个构件都起着承受和传递荷载的作用。如屋面板承受着屋面上的荷载并通过屋架传给柱子，吊车荷载通过吊车梁传给柱子，柱子将其受到的各种荷载传给基础，最后传给地基。

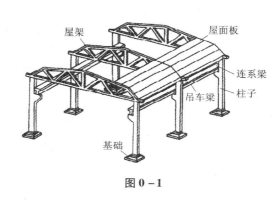

图 0-1

无论是工业厂房或是民用建筑、公共建筑，它们的结构及组成结构的各构件都相对于地面保持着静止状态，这种状态在工程上称为**平衡状态**。

当结构承受和传递荷载时，各构件都必须能够正常工作，这样才能保证整个结构的正常使用。为此，首先要求构件在承受荷载作用时不发生破坏。如当吊车起吊重物时荷载过大，会使吊车梁发生弯曲断裂。有些虽不发生破坏但也不能保证构件的正常工作，例如，吊车梁的变形如果超过一定的限度，吊车就不能正常的行驶；楼板变形过大，其上的抹灰层就会脱落。此外，有一些构件在荷载作用下，其原来形状的平衡可能丧失稳定性。例如，细长的轴心受压柱子，当压力超过某一限定值时，会突然地改变原来的直线平衡状态而发生弯曲，以致结构倒塌，这种现象称为"失稳"。由此可见，要保证构件的正常工作必须同时满足三个要求：

（1）在荷载作用下构件不发生破坏，即应具有足够的强度；

（2）在荷载作用下构件所产生的变形在工程的允许范围内，即应具有足够的刚度；

（3）承受荷载作用时，构件在其原有状态下的平衡应保持稳定的平衡，即应具有足够的稳定性。

**强度是指构件抵抗破坏的能力，刚度是指构件抵抗变形的能力。**构件的强度、刚度和稳定性统称为构件的承载能力。其高低与构件的材料性质、截面几何形状及尺寸、受力性质、工作条件及构造情况等因素有关。在结构设计中，如果把构件截面设计得过小，构件会因刚度不足导致变形过大而影响正常使用，或因强度不足而迅速破坏；如果构件截面设计得过大，其能承受的荷载过分大于所受的荷载，则又会不经济，造成人力、物力上的浪费。因此，构件的安全性与经济性是矛盾的。工程力学的任务就在于力求合理地解决这种矛盾。即：**研究和分析作用在构件上力与平衡的关系，构件的内力、应力、变形的计算方法以及构件的强度、刚度和稳定条件，为保证构件既安全可靠又经济合理提供计算理论依据。**

**二、工程力学的研究对象**

工程中构件的形状是多种多样的。根据构件的几何特征，可以将各种各样的构件归纳为以下四类：

（1）杆　如图 0-2(a)所示，它的几何特征是细而长，即 $l \geqslant h$，$l \geqslant b$。杆又可分为直杆和曲杆。

（2）板和壳　如图 0-2(b)所示，它的几何特征是宽而薄，即 $a \geqslant t$，$b \geqslant t$。平面形状的称为板，曲面形状称为壳。

（3）块体　如图 0-2(c)所示，它的几何特征是三个方向的尺寸都是同数量级的。

（4）薄壁杆　如图 0-2(d)所示的槽形钢材就是一个例子。它的几何特征是长、宽、厚三个尺寸都相对很悬殊，即 $l \geqslant b \geqslant t$。

如图 0-1 的吊车梁和柱子是工程结构的基本构件。**工程力学研究的主要对象就是杆件。**

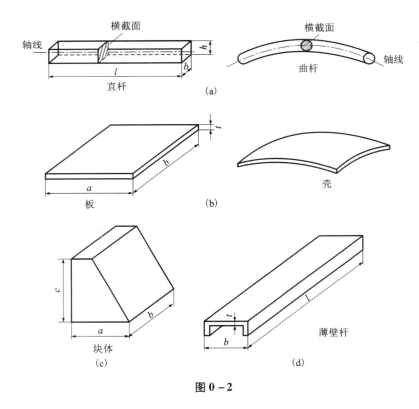

图 0-2

**三、工程力学的研究内容**

为了使读者对工程力学内容有一个总体概念，下面就以图 0-3 所示的梁为例作一个简单介绍。

（1）确定梁所受的力，哪些是已知力，哪些是未知力，并计算这些力的大小。梁 AB 搁在砖墙上，受到已知荷载 **P**₁、**P**₂ 作用，在这两个力的作用下，梁 AB 有向下坠落的趋势，但由于墙的支承作用才使梁没有落下而维持平衡状态。在梁的支承处，墙对梁产生支承力 **R**_A、**R**_B。荷载 **P**₁、**P**₂ 与支承力 **R**_A、**R**_B 之间存在着一定的关系，这种关系称为平衡条件。若知道了平衡条件，便可由荷载 **P**₁ 和 **P**₂ 求出支承力 **R**_A 和 **R**_B。

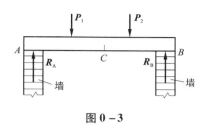

图 0－3

解决这一问题的关键就在于研究力的平衡条件。

（2）荷载 **P**₁ 和 **P**₂ 与支承力 **R**_A 和 **R**_B 统称为梁 AB 的外力。当梁上的全部外力求出后，便可进一步研究这些力是怎样使梁发生破坏或变形的。如图 0－3 的 AB 梁，在 **P**₁、**P**₂、**R**_A、**R**_B 作用下会产生弯曲，同时梁的内部有一种内力产生，内力就会造成梁的破坏。如果在梁的跨中截面 C 首先开裂继而断裂，这说明 C 截面处有引起破坏的最大内力存在，是梁的危险截面。

解决这一问题的关键就在于研究外力与内力的关系，它是分析承载能力的依据。

（3）上述问题相当于找出梁的破坏因素。为了使梁不发生破坏，就需要进一步研究引起梁破坏的因素和梁抵抗破坏的能力之间的关系，从而合理地选择梁的材料和截面尺寸，使梁既具有足够的承载能力，而又使材料用量为最少。

各种不同的受力方式会产生不同的内力，相应就有不同承载能力的计算方法，这些方法的研究构成了工程力学的内容。

工程力学的内容可分为两部分：本书第一章至第四章为静力学部分，研究物体受力的分析方法和物体在力作用下的平衡问题；第五章至第十二章为材料力学部分，研究构件的强度、刚度和稳定性计算问题。

## 四、工程力学与其他课程的关系及学习意义

工程力学是研究建筑构件的力学计算理论和方法的一门科学，它是结构力学、建筑结构、建筑施工、地基与基础等课程的基础，它将为读者打开进入结构设计和解决施工现场许多受力问题的大门。显然作为结构设计人员必须掌握工程力学知识，才能正确地对结构进行受力分析和力学计算，保证所设计的结构即安全可靠又经济合理。

作为施工技术及施工管理人员，也要掌握工程力学知识，知道结构和构件的受力情况，什么位置是危险截面，各种力的传递以及结构和构件在这些力的作用下会发生怎样的破坏等等。这样才能很好理解设计图纸中标注的意图及要求，科学地组织施工，制定出合理、安全的质量保证措施；在施工过程中，要将设计图变成实际建筑物，往往要搭建一些临时设施和机具，确定施工方案、施工方法和施工技术组织措施。如对一些重要的梁板结构施工时，为了保证梁板的形状、尺寸和位置的正确性，对安装的模板及其支架系统必须要进行设计或验算；对于桥梁施工，还存在一个结构体系转换，同时引起受力的变化；进行深基坑（槽）开挖时，如采用土壁支撑的施工方法防止土壁塌落，对支撑特别是大型支撑和特殊的支撑必须进行设计和计算，这些工作都是由施工技术人员来完成。因此，只有懂得力学知识才能很好地完成设计任务，避免发生质量和安全事故，确保建筑施工正常进行。

# 第一章　静力学的基本概念

## 第一节　力和平衡的概念

### 一、力的概念

力的概念来源于人们的劳动实践。通过长期的生产劳动和科学实践，人们逐渐认识到**力是物体间的相互机械作用**，这种作用使物体的运动状态或形状发生改变。物体间的相互机械作用可分为两类：一类是物体间的直接接触的相互作用，另外一类是场和物体间的相互作用。尽管物体间的相互作用力的来源和物理本质不同，但它们所产生的效应是相同的。

物体在受到力的作用后，产生的效应可以分为两种：

(1)**外效应**，也称为运动效应——使物体的运动状态发生改变。

(2)**内效应**，也称为变形效应——使物体的形状发生变化。

静力学研究物体的外效应。

实践表明，力对物体作用的效应应决定于力的三个要素：力的大小、方向和作用点。

力的大小反映物体之间相互机械作用的强弱程度。力的单位是牛顿(N)或千牛顿(kN)；力的方向包含力的作用线在空间的方位和指向，如水平向右、铅直向下等。

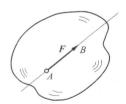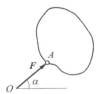

图 1-1

力的作用点是指力在物体上的作用位置。实际上，两个物体之间相互作用时，其接触的部位总是占有一定的面积，力总是按照各种不同的方式分布于物体接触面的各点上。当接触面面积很小时，则可以将微小面积抽象为一个点，这个点称为**力的作用点**，该作用力称为**集中力**；反之，如果接触面积较大而不能忽略时，则力在整个接触面上分布作用，此时的作用力称为分布力。分布力的大小用单位面积上的力的大小来度量，称为**荷载集度**，用 $q(N/m^2)$ 来表示。

力是矢量，记作 $F$(图 1-1)，用一段带有箭头的直线($AB$)来表示：其中线段($AB$)的长度按一定的比例尺表示力的大小；线段的方位和箭头的指向表示力的方向；线段的起点 $A$ 或终点 $B$(应在受力物体上)表示力的作用点。线段所沿的直线称为力的作用线。

## 二、刚体和平衡的概念

实践表明,任何物体受力作用后,总会产生一些变形。但在通常情况下,绝大多数构件或零件的变形都是很微小的。研究证明,在很多情况下,这种微小的变形对物体的外效应影响甚微,可以忽略不计,即认为物体在力作用下大小和形状保持不变。我们把这种在力作用下**不产生变形的物体称为刚体**,刚体是对实际物体经过科学的抽象和简化而得到的一种理想模型。而当变形在所研究的问题中成为主要因素时(如在第五章至第十二章中研究变形杆件),一般就不能再把物体看作是刚体了。

在一般工程问题中,**平衡是指物体相对于地球保持静止或做匀速直线运动的状态**。显然,平衡是机械运动的特殊形态,因为静止是暂时的、相对的,而运动才是永恒的、绝对的。

## 三、力系、等效力系、平衡力系、平衡条件

作用在物体上的一组力,称为力系。按照力系中各力作用线分布的不同形式,力系可分为:

(1)**汇交力系**　力系中各力作用线汇交于一点。

(2)**力偶系**　力系中各力可以组成若干力偶或力系由若干力偶组成。

(3)**平行力系**　力系中各力作用线相互平行。

(4)**一般力系**　力系中各力作用线既不完全交于一点,也不完全相互平行。

按照各力作用线是否位于同一平面内,上述力系又可以分为平面力系和空间力系两大类,如平面汇交力系、空间一般力系等等。

如果某一力系对物体产生的效应,可以用另外一个力系来代替,则这两个力系称为**等效力系**。当一个力与一个力系等效时,则称该力为此力系的合力;而该力系中的每一个力称为这个力的**分力**。把力系中的各个分力代换成合力的过程,称为力系的合成;反过来,把合力代换成若干分力的过程,称为力的分解。

若刚体在某力系作用下保持平衡,则该力系称为**平衡力系**。使刚体保持平衡时力系所需要满足的条件称为力系的**平衡条件**,这种条件有时是一个,有时是几个,它们是工程力学分析的基础。

# 第二节　静力学基本公理

静力学公理是人们从实践中总结出的最基本的力学规律,这些规律的正确性已为实践反复证明,是符合客观实际的。

## 一、二力平衡公理

**作用于刚体上的两个力平衡的充分条件是这两个力大小相等、方向相反、作用在一条直线上。**

这一结论是显而易见的。如图 1 - 2 所示直杆,在杆的两端施加一对大小相等的拉力($F_1$、$F_2$)或压力($F_2$、$F_1$),均可使杆平衡。

应当指出,该条件对于刚体来说是充分而且必要的;而对于变形体,该条件只是必要而

不是充分的。如柔索受到两个等值、反向、共线的压力作用时就不能平衡。

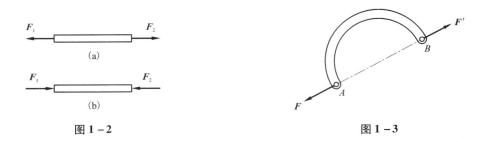

图 1 - 2                               图 1 - 3

在两个力作用下处于平衡的物体称为二力构件；若为杆件，则称为二力杆。根据二力平衡公理可知，作用在二力构件上的两个力，它们必通过两个力作用点的连线(与杆件的形状无关)，且等值、反向，如图 1 - 3 所示。

## 二、加减平衡力系公理

在作用于刚体上的已知力系上，加上或减去任意一个平衡力系，不会改变原力系对刚体的作用效应。这是因为平衡力系中，诸力对刚体的作用效应相互抵消，力系对刚体的效应等于零。根据这个原理，可以进行力系的等效变换。

推论 力的可传性原理：

作用于刚体上某点的力，可沿其作用线移动到刚体内任意一点，而不改变该力对刚体的作用效应。利用加减平衡力系公理，很容易证明力的可传性原理。如图 1 - 4 所示，设力 $F$ 作用于刚体上的 $A$ 点。现在其作用线上的任意一点 $B$ 加上一对平衡力系 $F_1$、$F_2$，并且使 $F_1$ = $-F_2 = F$，根据加减平衡力系公理可知，这样做不会改变原力 $F$ 对刚体的作用效应，再根据二力平衡条件可知，$F_2$ 和 $F$ 亦为平衡力系，可以撤去。所以，剩下的力 $F_1$ 与原力 $F$ 等效。力 $F_1$ 即可看成为力 $F$ 沿其作用线由 $A$ 点移至 $B$ 点的结果。

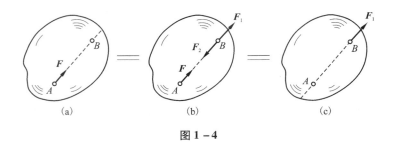

图 1 - 4

同样必须指出，力的可传性原理也只适用于刚体而不适用于变形体。

## 三、力的平行四边形法则

作用于物体上同一点的两个力，可以合成为一个合力，合力也作用于该点，其大小和方向由以两个分力为邻边所构成的平行四边形的对角线来表示。如图 1 - 5 所示，其矢量表达式为：

$$F_1 + F_2 = R \qquad\qquad (1-1)$$

在求两共点力的合力时，为了作图方便，只需画出平行四边形的一半，即三角形便可。其方法是自任意点 $O$ 开始，先画出一矢量 $F_1$，然后再由 $F_1$ 的终点画另一矢量 $F_2$，最后由 $O$ 点至力矢 $F_2$ 的终点作一矢量 $R$，它就代表 $F_1$、$F_2$ 的合力矢。合力的作用点仍为 $F_1$、$F_2$ 的汇交点 $A$。这种作图法称为力的三角形法则。显然，若改变 $F_1$、$F_2$ 的顺序，其结果不变，如图 1–6 所示。

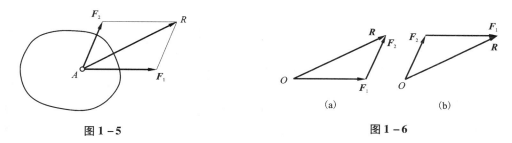

图 1–5　　　　　　　　　　　图 1–6

利用力的平行四边形法则，也可以把作用在物体上的一个力，分解为相交的两个分力，分力与合力作用于同一点。实际计算中，常把一个力分解为方向已知的两个分力，如图 1–7 即为把一个任意力分解为方向已知且相互垂直的两个分力。

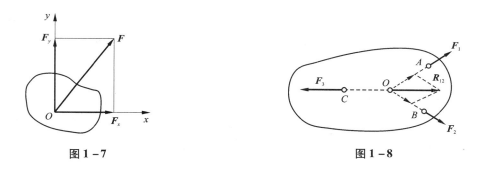

图 1–7　　　　　　　　　　　图 1–8

## 四、三力平衡汇交定理

**一刚体受不平行的三个力作用而平衡时，此三力的作用线必共面且汇交于一点。**

如图 1–8 所示，设在刚体上的 $A$、$B$、$C$ 三点，分别作用不平行的三个相互平衡的力 $F_1$、$F_2$、$F_3$。根据力的可传性原理，将力 $F_1$、$F_2$ 移到其汇交点 $O$，然后根据力的平行四边形法则，得合力 $R_{12}$。则力 $F_3$ 应与 $R_{12}$ 平衡。由二力平衡公理知，$F_3$ 与 $R_{12}$ 必共线。因此，力 $F_3$ 的作用线必通过 $O$ 点并与力 $F_1$、$F_2$ 共面。

应当指出，三力平衡汇交定理只说明了不平行的三力平衡的必要条件，而不是充分条件。它常用来确定刚体在不平行三力作用下平衡时，其中某一未知力的作用线。

## 五、作用力与反作用力公理

两个物体间相互作用的一对力，总是大小相等、方向相反、作用线相同，并分别而且同时作用于这两个物体上。

这个公理概括了任何两个物体间相互作用的关系。有作用力，必定有反作用力。两者总是同时存在，又同时消失。因此，力总是成对地出现在两相互作用的物体上的。这里，要注意二力平衡公理和作用力与反作用力公理是不同的，前者是对一个物体而言，而后者则是对物体之间而言。

# 第三节 约束与约束反力

## 一、约束与约束反力的概念

凡是在空间能自由运动的物体，都称为自由体，例如航行的飞机、飞行的炮弹等。如果物体的运动受到一定的限制，使其在某些方向的运动成为不可能，则这种物体称为非自由体。例如，用绳索悬挂的重物，搁置在墙上的梁，沿轨道运行的火车等，都是非自由体。

**阻碍物体运动的限制条件称为约束**。约束总是通过物体之间的直接接触形成的。例如上述绳索是重物的约束，墙是梁的约束，轨道是火车的约束。它们分别限制了各相应物体在约束所能限制的方向上的运动。

既然约束限制着物体的运动，因此，约束对该物体必然作用一定的力，这种力称为约束反力或约束力，简称反力。**约束反力的方向总是与物体的运动或运动趋势的方向相反**，它的作用点就在约束与被约束物体的接触点。

凡是能主动引起物体运动或使物体有运动趋势的力，称为主动力。如重力、风压力、水压力等。作用在工程结构上的主动力又称为荷载。通常情况下，主动力是已知的，而约束反力是未知的。

## 二、几种常见的约束及其约束反力

由于约束的类型不同，约束反力的作用方式也各不相同。下面介绍在工程中常见的几种约束类型及其约束反力的特性。

1. 柔索约束

由柔软而不计自重的绳索、胶带、链条等构成的约束统称为**柔索约束**。由于柔索约束只能限制物体沿着柔索的中心线伸长方向的运动，而不能限制物体在其他方向的运动，所以 **柔索约束的约束反力为拉力，沿着柔索的中心线背离被约束的物体**，用符号 $T$ 表示，如图 1－9 所示。

2. 光滑接触面约束

物体间光滑接触时，不论接触面的形状如何，这种约束只能限制物体沿着接触面在接触点的公法线方向且指向物体的运动，而不能限制物体的其他运动。因此，**光滑接触面约束的反力为压力，通过接触点，方向沿着接触面的公法线指向被约束的物体**，通常用 $N$ 表示，如图 1－10 所示。

3. 圆柱铰链约束

两个物体分别被钻上直径相同的圆孔并用销钉连接起来，如果不计销钉与销钉孔壁之间的摩擦，则这种约束称为**光滑圆柱铰链约束**，简称铰链约束，如图 1－11（a）所示。这种约束可以用 1－11（b）所示的力学简图表示，其特点是只限制两物体在垂直于销钉轴线的平面内

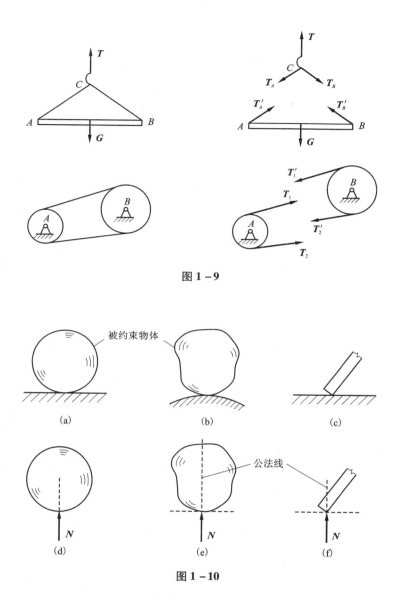

图 1 – 9

图 1 – 10

沿任意方向的相对移动，而不能限制物体绕销钉轴线的相对转动和沿其轴线方向的相对滑动。因此，**铰链的约束反力作用在与销钉轴线垂直的平面内，并通过销钉中心，但方向待定**，如图 1 – 11(c)所示的 $R_A$。工程中常用通过铰链中心的相互垂直的两个分力 $X_A$、$Y_A$ 表示，如图 1 – 11(d)所示。

4. 链杆约束

两端各以铰链与其他物体相连接且中间不受力(包括物体本身的自重)的直杆称为链杆，如图 1 – 12(a)所示。这种约束只能限制物体沿链杆轴线方向的运动，而不能限制其他方向的运动。因此，链杆的约束反力**沿着链杆的轴线方向，指向不定**，常用符号 **R** 表示，如图 1 – 12(c)、(d)所示。图 1 – 12(b)中的杆 AB 即为链杆的力学简图。

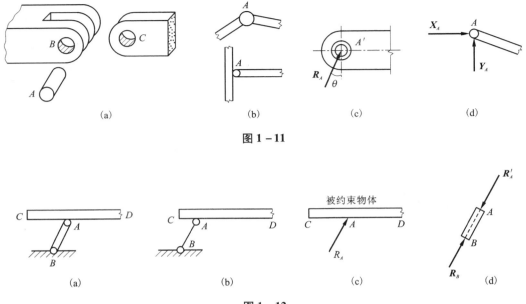

图 1 – 11

图 1 – 12

### 5. 固定铰支座

将结构或构件连接在支承物上的装置称为支座。用光滑圆柱铰链把结构或构件与支承底板相连接，并将支承底板固定在支承物上而构成的支座，称为固定铰支座。如图 1 – 13(a)、(b)所示。图 1 – 13(c)所示为其力学简图。工程上为避免在构件上打孔而削弱构件的承载能力，常在构件和底板上固结一个用来穿孔的物体如图 1 – 13(d)所示。

**固定铰支座的约束反力与圆柱铰链相同，其约束反力也应通过铰链中心，但方向不定。**

为方便起见，常用两个相互垂直以铰链中心为下标的分力 $X_A$、$Y_A$ 表示，如图 1 – 13(e)所示。

固定铰支座的力学简图还常用两根不平行的链杆来表示，如图 1 – 13(f)所示。

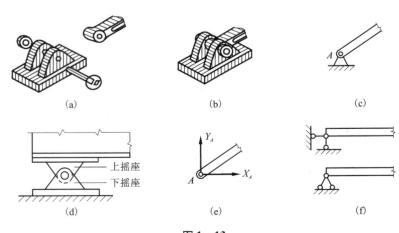

图 1 – 13

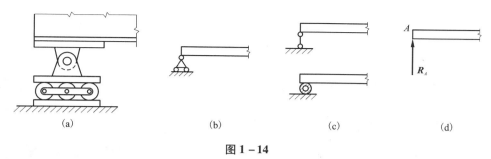

图 1 - 14

**6. 可动铰支座**

　　如果在固定铰支座的底座与固定物体之间安装若干辊轴，就构成可动铰支座，如图 1 - 14(a)所示，其力学简图如图 1 - 14(b)所示。这种支座的约束特点是只能限制物体上与销钉连接处沿垂直于支承面方向的移动，而不能限制物体绕销轴转动和沿支承面移动。因此，**可动铰支座的约束反力垂直于支承面，且通过铰链中心，但指向不定**，常用 **R** 表示，如图 1 - 14(d)所示。

**7. 固定端支座**

　　工程上，如果结构或构件的一端牢牢地插入到支承物里面，如房屋的雨篷嵌入墙内，基础与地基整浇在一起等，如图 1 - 15(a)、(b)所示，就构成固定端支座。这种约束的特点是连接处有很大的刚性，不允许被约束物体与约束之间发生任何相对移动和转动，即被约束物体在约束端是完全固定的。固定端支座的力学简图如图 1 - 15(c)所示，其约束反力一般用三个反力分量来表示，即两个相互垂直的分力 $X_A$、$Y_A$ 和反力偶 $M_A$，如图 1 - 15(d)所示。

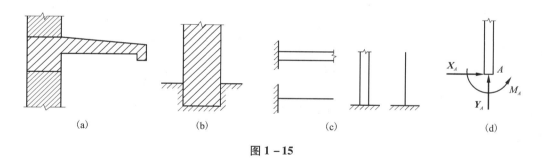

图 1 - 15

## 第四节　物体的受力分析与受力图

### 一、脱离体和受力图

　　在求解静力平衡问题时，一般首先要分析物体的受力情况，了解物体受到哪些力的作用，其中哪些力是已知的，哪些力是未知的，这个过程称为对物体进行受力分析。工程结构中的构件或杆件，一般都是非自由体，它们与周围的物体(包括约束)相互连接在一起，用来承受荷载。为了分析某一物体的受力情况，往往需要**解除限制该物体运动的全部约束，把该物体从与它相联系的周围物体中分离出来**，单独画出这个物体的图形，称之为脱离体(或研究对象)。然后，再**将周围物体对该物体的全部作用力(包括主动力和约束反力)画在脱离体**

上。这种画有脱离体及其所受的全部作用力的简图，称为物体的受力图。

正确对物体进行受力分析并画出其受力图，是求解力学问题的关键。所以，必须熟练掌握。

## 二、画受力图的步骤及注意事项

（1）将研究对象从其联系的周围物体中分离出来，即取脱离体。

（2）根据已知条件，画出作用在研究对象上的全部主动力。

（3）根据脱离体原来受到的约束类型，画出相应的约束反力。应注意两个物体之间相互作用的约束力应符合作用力与反作用力公理。

（4）要熟练地使用常用的字母和符号标各个约束反力。注意要按照原结构图上每一个构件或杆件的尺寸和几何特征作图，以免引起错误或误差。

（5）受力图上只画脱离体的简图及其所受的全部外力，不画已被解除的约束。

（6）当以系统为研究对象时，受力图上只画该系统（研究对象）所受的主动力和约束反力，而不画系统内各物体之间的相互作用力（称为内力）。

（7）正确判断二力杆，二力杆中的两个力的作用线沿力作用点的连线，且等值、反向。

下面举例说明如何画物体的受力图。

**例 1-1** 重量为 $G$ 的梯子 $AB$，放置在光滑的水平地面上并靠在铅直墙上，在 $D$ 点用一根水平绳索与墙相连，如图 1-16（a）所示。试画出梯子的受力图。

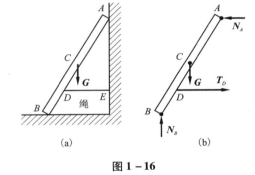

图 1-16

**解** 将梯子从周围的物体中分离出来，作为研究对象画出其脱离体。先画上主动力即梯子的重力 $G$，作用于梯子的重心（几何中心），方向铅垂向下；再画墙和地面对梯子的约束反力。根据光滑接触面约束的特点，$A$、$B$ 处的约束反力 $N_A$、$N_B$ 分别与墙面、地面垂直并指向梯子；绳索的约束反力 $T_D$ 应沿着绳索的方向离开梯子为拉力。图 1-16（b）即为梯子的受力图。

**例 1-2** 如图 1-17（a）所示，简支梁 $AB$，跨中受到集中力 $F$ 作用，$A$ 端为固定铰支座约束，$B$ 端为可支铰支座约束。试画出梁的受力图。

**解** （1）取 $AB$ 梁为研究对象，解除 $A$、$B$ 两处的约束，画出其脱离体简图。

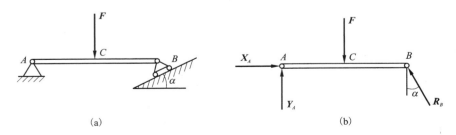

图 1-17

（2）在梁的中点 $C$ 画主动力 $F$。

（3）在受约束的 $A$ 处和 $B$ 处，根据约束类型画出约束反力。$B$ 处为可动铰支座约束，其反力通过铰链中心且垂直于支承面，其指向假定如图 1-17(b) 所示；$A$ 处为固定铰支座约束，其反力可用通过铰链中心 $A$ 并以相互垂直的分力 $X_A$、$Y_A$ 表示。受力图如图 1-17(b) 所示。

此外，注意到梁只在 $A$、$B$、$C$ 三点受到互不平行的三个力作用而处于平衡，因此，也可以根据三力平衡汇交定理进行受力分析。已知 $F$、$R_B$ 相交于 $D$ 点，则 $A$ 处的约束反力 $R_A$ 也应通过 $D$ 点，从而可确定 $R_A$ 必通过沿 $A$、$D$ 两点的连线，画出其受力图如 1-18(b)。

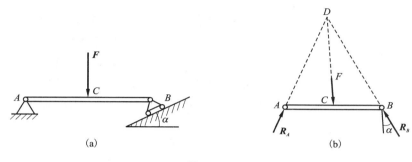

图 1-18

**例 1-3** 由横杆 $AB$ 和斜杆 $EC$ 构成的支架，如图 1-19 所示。在横杆上 $D$ 处放置了一个重量为 $W$ 的重物。不计各杆的自重并假定重物与横杆间为光滑接触。试画出重物、斜杆 $EC$、横梁 $AB$ 及整个支架体系的受力图。

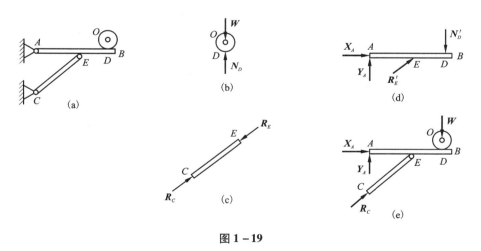

图 1-19

**解** （1）画重物的受力图。取重物为研究对象，在重物上作用有重力 $W$ 及横杆对重物的约束反力 $N_D$，如图 1-19(b) 所示。

（2）画斜杆 $EC$ 的受力图。取斜杆 $EC$ 为研究对象，杆的两端都是铰链连接，其约束反力应当通过铰中心而方向不定。但斜杆 $EC$ 中间不受任何力作用，只在两端受到 $R_E$ 和 $R_C$ 两个力的作用而平衡。由二力平衡公理得出，$R_E$ 和 $R_C$ 必定大小相等，方向相反，作用线沿两铰中心的连线。根据主动力 $W$ 分析，杆 $EC$ 受压，因此 $R_E$ 和 $R_C$ 的作用线沿 $E$、$C$ 的连线且指向杆件，如图 1 – 19（c）所示。当约束反力的指向无法确定时，可以任意假设。

只受两个力作用且平衡的杆叫做二力杆。约束中的链杆就是二力杆。但要注意，二力杆不一定都是直杆，也可以是曲杆或其他构件。

（3）画横杆 AB 的受力图。取横杆 AB 为研究对象，与它有联系的物体有 A 点的固定铰支座，D 点的重物和 E 点通过铰链与 EC 杆连接。A 点固定铰支座的反力用两个互相垂直的未知力 $X_A$ 和 $Y_A$ 表示；D、E 点则根据作用与反作用关系，可以确定 D、E 处的约束反力分别是 $N'_D$ 和 $R'_E$，它们分别与 $N_D$ 和 $R_E$ 的大小相等，方向相反，作用线相同。横杆 AB 的受力图如图 1 – 19（d）所示。

（4）画整个支架的受力图。整个支架体系是由斜杆 EC、横杆 AB 及重物 W 三者构成的，应将其看成一个整体作为研究对象。作用在支架上的主动力是重物的重力 W。与整个支架相连的有固定铰支座 A 和 C。在支座 A 处，约束反力是 $X_A$ 和 $Y_A$；在支座 C 处，因 CE 杆是二力杆，故支座 C 的约束反力是沿 CE 方向但大小未知的力 $R_C$，整个支架的受力图如图 1 – 19（e）所示。实际上，我们可将上述重物、斜杆 EC、横杆 AB 三者的受力图合并，即可得整个支架的受力图。

**例 1 – 4**　如图 1 – 20 所示为一刚架。ABC、CD 两部分用铰 C 连接而成，D 处是固定铰支座。试对整个系统进行受力分析并画出 ABC 和 CD 部分的受力图。

**解**　（1）先取 CD 部分为研究对象，画出其脱离体。由于 CD 部分的自重不计，只在其两端受到铰链 C 和 D 的约束而处于平衡，因此，CD 虽然不是直杆，但两端的铰都可以只画一个力来表示，且处于平衡，故为二力构件，其受力与二力杆相同，受力如图 1 – 20（c）所示。

（2）再取 ABC 杆为研究对象，画出其脱离体。作用在 C 点的力与 $R_C$ 是作用与反作用的关系，故用 $R'_C$ 表示，ABC 部分因有力 P 作用，不是二力构件，固定铰支座 A 处的反力，用两个相互垂直的分力 $X_A$ 和 $Y_A$ 表示。如图 1 – 20（b）所示。

**例 1 – 5**　如图 1 – 21 所示为一与图 1 – 20 类似的刚架。不同之处是 D 支座为固定端。试对整个系统进行受力分析并画出 ABC 和 CD 部分和整体的受力图。

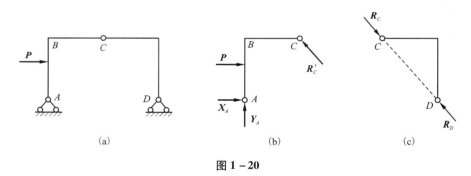

(a)　　　　　　　　　　(b)　　　　　　　　　　(c)

**图 1 – 20**

**解**　（1）由于 CD 部分有一端不是铰连，故 CD 部分不是二力构件，这样，就先取有荷载作用的部分 ABC 为研究对象，画出其脱离体。C 铰处受力方向不定，故用两个相互垂直的分力 $X_C$ 和 $Y_C$ 表示。受力如图 1 – 21（b）所示。

（2）再取 CD 部分为研究对象，画出其脱离体。作用在 C 点的力与 $X_C$ 和 $Y_C$ 是作用与反作用的关系，故用 $X'_C$ 和用 $Y'_C$ 表示，D 端用三个力表示。如图 1 – 21（c）所示。

画整体受力图时，内力不画出。作为整体来说，C 铰处作用与反作用力属内力，且互相抵消,所以不画出来,受力图如1-21(d)所示。

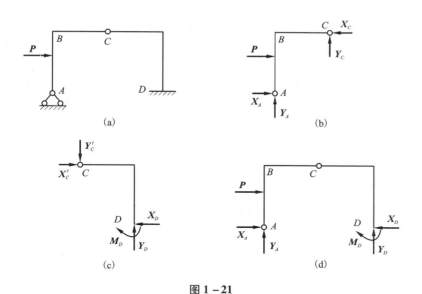

图 1 - 21

# 第五节　荷　载

## 一、荷载的分类

1. 按作用性质分类

荷载按作用性质可分为静力荷载和动力荷载,简称**静荷载**和**动荷载**。

缓慢地、逐步地加到结构上的荷载称为静荷载。其大小、作用位置和方向不随时间而变化。一般建筑所受的荷载基本上都属于这一类。如构件的自重、土压力等。

大小、作用位置和方向(或其中的一项)随时间而迅速变化的荷载称为动荷载。例如动力机械产生的荷载、地震荷载等。在实际计算中,通常是将原荷载的大小乘以一个动力系数后,作为静荷载简化计算。在一些特殊情况下则必须按动荷载计算,不可简化。

2. 按作用时间分类

荷载按作用的时间久、暂可分为**恒载**和**活荷载**。

长期作用在结构上的不变荷载称为恒载。如构件自重和土压力等。

施工和使用期间可能作用在结构上的可变荷载称为活荷载。所谓"可变",是指这种荷载有时存在,有时不存在,作用位置可能是固定的,也可能是移动的。如室内人群、家具、厂房吊车荷载、风荷载等都是活荷载。

3. 按作用范围分类

荷载按作用的范围可分为**集中荷载**和**分布荷载**。

如果荷载作用在结构上的面积与结构的尺寸相比很小,就称为集中荷载。例如屋架或梁对柱子或墙的压力,次梁对主梁的压力等。

如果荷载连续地作用在整个结构或结构的一部分上(不能看成集中荷载时),就称为分布荷载。例如风荷载、雪荷载等。

如果荷载分布在物体的体积内，就称为**体荷载**。如重力。其常用单位是 N/m³（牛顿/米³）或 kN/m³（千牛顿/米³）。分布于物体表面的荷载，称为**面荷载**。如楼板上的荷载、挡土墙所受的土压力等。面荷载的常用单位是 N/m²（牛顿/米²）或 kN/m²（千牛顿/米²）。在工程结构计算中，往往将体荷载、面荷载化为沿构件轴线（构件横截面形心的连线）方向的**线荷载**。例如梁的自重是简化为沿梁长向分布的线荷载。线荷载的常用单位是 N/m（牛顿/米）或 kN/m（千牛顿/米）。

当分布荷载在各处的大小均相同时，称为**均布荷载**；当分布荷载在各处的大小不相同时，称为**非均布荷载**。

## 二、均布面荷载化为均布线荷载的计算

工程结构计算中，通常用板的轴线表示一块板。在板面上受到均匀分布的面荷载 $q'$（kN/m²）时，需要将它简化为沿板跨度（轴线）方向均匀分布的线荷载计算。

图 1-22 中的平板，板宽为 $b$(m)，板跨度为 $l$(m)，若在板上受到均匀分布的面荷载 $q'$（kN/m²）的作用，那么，在这块板上受到的全部荷载 $Q$ 是

$$Q = q' \cdot b \cdot l \ （kN）$$

而荷载 $Q$ 是沿板的跨度均匀分布的，于是，沿板长度方向均匀分布的线荷载 $q$ 大小为

$$q = b \cdot q' \ （kN/m）$$

可见均布面荷载简化为均布线荷载时，**均布线荷载的大小等于均布面荷载的大小乘以受荷宽度**。

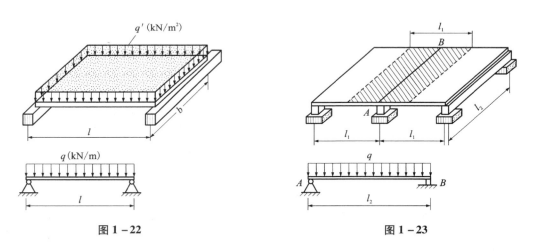

图 1-22                                       图 1-23

图 1-23 是某楼面的结构示意图。平板支承在大梁上，其跨度为 $l_1$，梁支承在柱上，跨度为 $l_2$。当平板上受到均布面荷载 $q'$（kN/m²）时，梁 $AB$ 沿其轴线方向受到板传来的均布线荷载 $q$(kN/m) 应当怎样计算呢？由于梁的间距为 $l_1$，跨度为 $l_2$，所以梁 $AB$ 的受荷范围是图 1-23 中阴影所占有的面积，即梁的受荷宽度为 $l_1$。于是，利用上述公式很容易就能算出梁 $AB$ 受到板传来的均布线荷载值。

$$q = l_1 \cdot q' \ （kN/m）$$

# 第二章　平面汇交力系

## 第一节　平面汇交力系合成的几何法

### 一、两个汇交力的合成

如图 2 - 1(a)，设在物体上作用有汇交于 $O$ 点的两个力 $F_1$ 和 $F_2$，根据力的平行四边形法则或力的三角形法则求合力如图 2 - 1 所示。

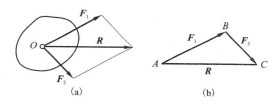

图 2 - 1

### 二、多个汇交力的合成

设作用于物体上 $A$ 点的力 $F_1$、$F_2$、$F_3$、$F_4$ 组成平面汇交力系，现求其合力，如图 2 - 2 (a)所示。应用力的三角形法则，首先将 $F_1$ 与 $F_2$ 合成得 $R_1$，然后把 $R_1$ 与 $F_3$ 合成得 $R_2$，最后将 $R_2$ 与 $F_4$ 合成得 $R$，力 $R$ 就是原汇交力系 $F_1$、$F_2$、$F_3$、$F_4$ 的合力，图 2 - 2(b)所示即是这些汇交力系合成的几何示意图，矢量关系的数学表达式为

$$R = F_1 + F_2 + F_3 + F_4 \qquad (2 - 1a)$$

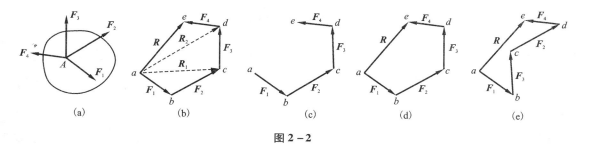

图 2 - 2

实际作图时，可以不必画出图中虚线所示的中间合力 $R_1$ 和 $R_2$，只要按照一定的比例尺将表达各力矢的有向线段首尾相接，形成一个不封闭的多边形，如图 2 - 2(c)所示。然后再画一条从起点指向终点的矢量 $R$，即为原汇交力系的合力，如图 2 - 2(d)所示。这种由各分

力和合力构成的多边形 $abcde$ 称为**力多边形**。按照与各分力同样的比例，封闭边的长度表示合力的大小，合力的方位与封闭边的方位一致，指向则由力多边形的起点至终点，合力的作用线通过汇交点。这种求合力矢的几何作图法称为**力多边形法**。

从图 2-2(e)还可以看出，在作力多边形时，按不同顺序画各分力，只会影响力多边形的形状，但不会影响合成的最后结果。

将这一作法推广到由 $n$ 个力组成的平面汇交力系，可得结论：**平面汇交力系合成的最终结果是一个合力，合力的大小和方向等于力系中各分力的矢量和，可由力多边形的封闭边确定，合力的作用线通过力系的汇交点**。矢量关系式为：

$$R = F_1 + F_2 + F_3 + \cdots + F_n = \sum F \qquad (2-1b)$$

若力系中各力的作用线位于同一条直线上，在这种特殊情况下，力多边形变成一条直线，合力为：

$$R = \sum F \quad （代数和） \qquad (2-2)$$

## 第二节　平面汇交力系平衡的几何条件

从上面讨论可知，平面汇交力系合成的结果是一个合力。显然物体在平面汇交力系的作用下保持平衡，则该力系的合力应等于零；反之，如果该力系的合力等于零，则物体在该力系的作用下，必然处于平衡。所以，**平面汇交力系平衡的必要和充分条件是平面汇交力系的合力等于零**，即：

$$R = \sum F = 0 \qquad (2-3)$$

设有平面汇交力系 $F_1$、$F_2$、$F_3$、$\cdots$、$F_n$ 如图 2-3 所示，当用几何法求合力其最后一个力的终点与第一个力的起点相重合时，则表示该力系的力多边形的封闭边变为一点，即合力等于零。此时构成一个封闭的力多边形。因此，**平面汇交力系平衡的必要与充分的几何条件是：力多边形自行闭合**。

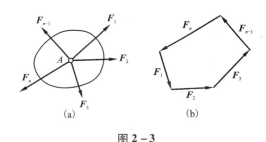

图 2-3

## 第三节　平面汇交力系合成的解析法

几何法用来对物体进行受力分析，用来具体计算的是解析法。这种方法是以力在坐标轴上的投影为基础进行计算的。

### 一、力在平面直角坐标轴上的投影

如图 2-4 所示设力 $F$ 用矢量 $\overrightarrow{AB}$ 表示，取直角坐标系 $Oxy$，使力 $F$ 在 $Oxy$ 平面内。过力矢的两端点 $A$ 和 $B$ 分别向 $x$、$y$ 轴作垂线，得垂足 $a$、$b$ 及 $a'$、$b'$，则线段 $ab$ 与 $a'b'$ 的长度加以正负号分别称为力 $F$ 在 $x$、$y$ 轴上的投影，记作 $X$、$Y$。并规定：**当力的始端的投影到终端的投影的方向与投影轴的正向一致时，力的投影取正值；反之，当力的始端的投影到终端的投影的方向与投影轴的正向相反时，力的投影取负值**。

设力 $F$ 与 $x$ 轴的夹角为 $\alpha$，则从图 2-4 可知：

$$X = F\cos\alpha$$
$$Y = -F\sin\alpha$$

(2-4)

一般情况下，若已知力 $F$ 与 $x$ 和 $y$ 轴所夹的锐角分别为 $\alpha$、$\beta$，则该力在 $x$、$y$ 轴上的投影分别为：

$$\left. \begin{array}{l} X = \pm F\cos\alpha \\ Y = \pm F\cos\beta \end{array} \right\}$$

(2-5)

**即力在坐标轴上的投影，等于力的大小与力和该轴所夹锐角余弦的乘积**。当力与轴垂直时，力在该轴上的投影为零；力与轴平行时，力在该轴上的投影大小的绝对值等于该力的大小。

反过来，若已知力 $F$ 在坐标轴上的投影 $X$、$Y$，亦可求出该力的大小和方向：

$$\left. \begin{array}{l} F = \sqrt{X^2 + Y^2} \\ \tan\alpha = \left| \dfrac{Y}{X} \right| \end{array} \right\}$$

(2-6)

式中：$\alpha$ 为力 $F$ 与 $x$ 轴所夹的锐角，其所在的象限由 $X$、$Y$ 的正负号来确定。

在图 2-4 中，若将力沿 $x$、$y$ 轴进行分解，可得分力 $F_x$ 和 $F_y$。应当注意，力的投影和分力是两个不同的概念：力的投影是标量，它只有大小和正负；而力的分力是矢量，有大小和方向。从图 2-4 可见在直角坐标系中，分力的大小和力在对应坐标轴上投影的绝对值是相同的。

力在平面直角坐标轴上的投影计算，在力学计算中应用非常普遍，必须熟练掌握。

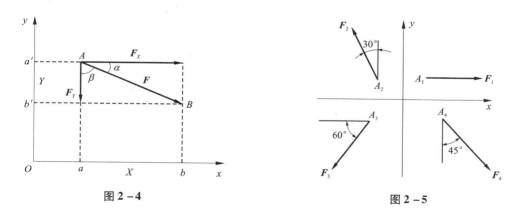

图 2-4　　　　　　　　　　　图 2-5

**例 2-1**　如图 2-5 所示，已知 $F_1 = 100$ N，$F_2 = 200$ N，$F_3 = 300$ N，$F_4 = 400$ N，各力的方向如图，试分别求各力在 $x$ 轴和 $y$ 轴上的投影。

**解**　根据式(2-5)，得：

$$X_1 = 100 \times \cos 0° = 100 \text{ (N)}$$

$$Y_1 = 100 \times \sin 0° = 0$$

$$X_2 = -200 \times \cos 60° = -100 \text{ (N)}$$

$$Y_2 = 200 \times \sin 60° = 100\sqrt{3} = 173.2 \text{ (N)}$$

$$X_3 = -300 \times \cos 60° = -150 \ (\text{N})$$
$$Y_3 = -300 \times \sin 60° = -150\sqrt{3} = -259.8 \ (\text{N})$$
$$X_4 = 400 \times \cos 45° = 200\sqrt{2} = 282.8 \ (\text{N})$$
$$Y_4 = -400 \times \sin 45° = -200\sqrt{2} = -282.8 \ (\text{N})$$

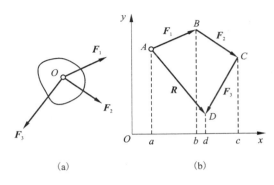

(a)                    (b)

图 2 - 6

## 二、合力投影定理

如图 2 - 6 所示,设有一平面汇交力系 $F_1$、$F_2$、$F_3$ 作用在物体的 $O$ 点[图 2 - 6(a)]。从任一点 $A$ 作力多边形 $ABCD$,如图 2 - 6(b)所示。则矢量 $\overrightarrow{AD}$ 就表示该力系的合力 $R$ 的大小和方向。取任一轴 $x$ 如图 2 - 6(b)所示,把各力都投影在 $x$ 轴上,并且令 $X_1$、$X_2$、$X_3$ 和 $R_x$ 分别表示各分力 $F_1$、$F_2$、$F_3$ 和合力 $R$ 在 $x$ 轴上的投影,由图 2 - 6(b)可见:
$$X_1 = ab, \ X_2 = bc, \ X_3 = -cd, \ R_x = ad$$
而
$$ad = ab + bc - cd$$
因此可得:
$$R_x = X_1 + X_2 + X_3$$
这一关系可推广到任意个汇交力的情形,即:
$$\left. \begin{array}{l} R_x = X_1 + X_2 + X_3 + \cdots + X_n = \sum X \\ R_y = Y_1 + Y_2 + \cdots + Y_n = \sum Y \end{array} \right\} \qquad (2 - 7)$$
由此可见,合力在任一轴上的投影,等于力系中各分力在同一轴上投影的代数和。这就是合力投影定理。

## 三、用解析法求平面汇交力系的合力

当平面汇交力系为已知时,如图 2 - 7 所示,我们可选直角坐标系,先求出力系中各力在 $x$ 轴和 $y$ 轴上的投影,再根据合力投影定理求得合力 $R$ 在 $x$、$y$ 轴上的投影 $R_x$、$R_y$,从图 2 - 7 中的几何关系,可见合力 $R$ 的大小和方向由下式确定:
$$\left. \begin{array}{l} R = \sqrt{R_x^2 + R_y^2} = \sqrt{(\sum X)^2 + (\sum Y)^2} \\ \tan\alpha = \left| \dfrac{R_y}{R_x} \right| = \dfrac{|\sum Y|}{|\sum X|} \end{array} \right\} \qquad (2 - 8)$$

式中：$\alpha$ 为合力 $R$ 与 $x$ 轴所夹角的锐角；$R$ 为在哪个象限由 $\sum X$ 和 $\sum Y$ 的正负号来确定，如图 2-8 所示。合力的作用线通过力系的汇交点 $O$。

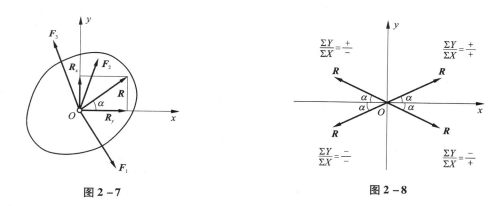

图 2-7　　　　　　　　　　　　　　　　图 2-8

**例 2-2**　如图 2-9(a)所示，固定的圆环上作用着共面的三个力，已知 $F_1 = 10\ \text{kN}$，$F_2 = 20\ \text{kN}$，$F_3 = 25\ \text{kN}$，三力均通过圆心 $O$。试分别用几何法和解析法求此力系合力的大小和方向。

**解**　运用两种方法求解合力。

（1）几何法

取比例尺为：1 cm 代表 10 kN，画力多边形如图 2-10(b)所示，其中 $ab = |F_1|$，$bc = |F_2|$，$cd = |F_3|$。从起点 $a$ 向终点 $d$ 作矢量 $\overrightarrow{ad}$，即得合力 $R$。由图上量得，$ad = 4.4$ cm，根据比例尺可得，$R = 44$ kN；合力 $R$ 与水平线之间的夹角用量角器量得 $\alpha = 22°$。

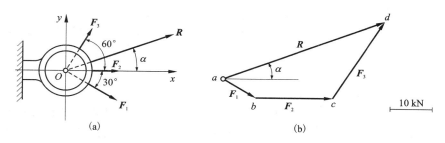

(a)　　　　　　　　　　　　　　　(b)

图 2-9

（2）解析法

取如图 2-9(a)所示的直角坐标系 $Oxy$，则合力的投影分别为：

$$R_x = \sum X = F_1\cos 30° + F_2 + F_3\cos 60° = 41.16\ (\text{kN})$$

$$R_y = \sum Y = -F_1\sin 30° + F_3\sin 60° = 16.65\ (\text{kN})$$

则合力 $R$ 的大小为：

$$R = \sqrt{R_x^2 + R_y^2} = \sqrt{41.16^2 + 16.65^2} = 44.40\ (\text{kN})$$

合力 $R$ 的方向为：

$$\tan\alpha = \frac{|R_y|}{|R_x|} = \frac{16.65}{41.16}$$

$$\alpha = \arctan \frac{|R_y|}{|R_x|} = \arctan \frac{16.65}{41.16} = 21.79°$$

由于 $R_x > 0$，$R_y > 0$，故 $\alpha$ 在第一象限，而合力 $R$ 的作用线通过汇交力系的汇交点 $O$。

**例 2 – 3**　如图 2 – 10 所示，一平面汇交力系作用于 $O$ 点。已知 $F_1 = 200$ N，$F_2 = 300$ N，$F_3$ 方向如图所示。若此力系的合力 $R$ 与 $F_2$ 沿同一直线，用解析法求 $F_3$ 与合力 $R$ 的大小。

**解**　取如图 2 – 10 所示的坐标系。由题可知 $R$ 沿 $x$ 轴正向，则：

$$R_x = R，R_y = 0$$

又因为

$$R_y = \sum Y = 0$$

则得：

$$F_1 \sin 30° - F_3 \sin 45° = 0$$

$$200 \times \frac{1}{2} - F_3 \cdot \sin 45° = 0$$

$$F_3 = \frac{200}{\sqrt{2}} = 141.4 \text{（N）}$$

又由

$$R_x = \sum X = R$$

得：

$$F_1 \cos 30° + F_2 + F_3 \cos 45° = R$$

$$R = 200 \times \frac{\sqrt{3}}{2} + 300 + 141.4 \times \frac{\sqrt{2}}{2} = 573.2 \text{（N）}$$

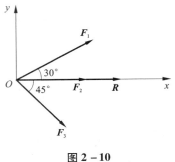

图 2 – 10

## 第四节　平面汇交力系平衡的解析条件

由式（2 – 8）可知，合力的大小为：

$$R = \sqrt{R_x^2 + R_y^2} = \sqrt{(\sum X)^2 + (\sum Y)^2}$$

上式中 $(\sum X)^2$ 和 $(\sum Y)^2$ 恒为正值，所以，要使 $R = 0$，$\sum X$ 和 $\sum Y$ 就必须同时等于零。即

$$\left. \begin{array}{l} \sum X = 0 \\ \sum Y = 0 \end{array} \right\} \qquad\qquad (2 - 9)$$

因此，平面汇交力系平衡的必要与充分的解析条件是：**力系中各分力在任意两个坐标轴上投影的代数和分别等于零**。式（2 – 9）称为平面汇交力系的平衡方程。它们相互独立，应用这两个独立的平衡方程可求解两个未知量。

解题时未知力指向有时可以预先假设，若计算结果为正值，表示假设力的指向就是实际的指向；若计算结果为负，表示假设力的指向与实际指向相反。在计算中，适当地选取投影轴，可使计算简化。

下面举例说明平面汇交力系平衡条件的应用。

**例 2 – 4**　求图 2 – 11（a）所示三角支架中杆 $AC$ 和杆 $BC$ 所受的力。（已知重物 $D$ 重 $W = 10$ kN）。

**解**　（1）取铰 $C$ 为研究对象。因杆 $AC$ 和杆 $BC$ 都是二力杆，所以 $N_{AC}$ 和 $N_{BC}$ 的作用线都沿杆轴方向。现假定 $N_{AC}$、$N_{BC}$ 均为拉力，画受力图如图 2 – 11（b）所示。

（2）选取坐标系如图 2 – 11（b）所示。

（3）列平衡方程，求解未知力 $N_{AC}$ 和 $N_{BC}$

$$\sum Y = 0, \quad N_{AC}\sin 60° - W = 0$$

由

得

$$N_{AC} = \frac{W}{\sin 60°} = \frac{10}{0.866} = 11.55 \text{（kN）}$$

由

$$\sum X = 0, \quad -N_{BC} - N_{AC}\cos 60° = 0$$

得

$$N_{BC} = -N_{AC}\cos 60° = -11.55 \times \frac{1}{2} = -5.77 \text{（kN）}$$

因求出的结果 $N_{BC}$ 为负，说明假定的指向与实际指向相反，即杆 $AC$ 受拉，杆 $BC$ 受压。

**例 2-5**　求图 2-12（a）表示起吊构件的情形。构件 $W = 18$ kN。钢丝绳与水平线的夹角为 $45°$。求构件匀速上升时，钢绳的拉力是多少？

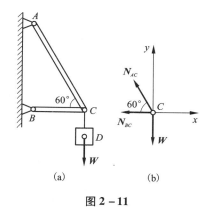

图 2-11

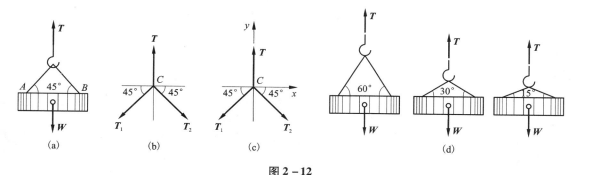

图 2-12

**解**　整个体系在重力 $W$ 和绳的拉力 $T$ 作用下平衡，是二力平衡问题，于是得 $T = W = 18$ kN。

（1）取吊钩 $C$ 为研究对象。设绳 $CA$ 的拉力为 $T_1$，绳 $CB$ 的拉力为 $T_2$，画受力图 [图 2-12（b）]。

（2）选取坐标系如图 2-12（c）所示。

（3）列平衡方程，求解未知力 $T_1$ 和 $T_2$：

$$\sum X = 0, \quad T_1\cos 45° - T_2\cos 45° = 0 \qquad\qquad \text{（a）}$$
$$\sum Y = 0, \quad T - T_1\sin 45° - T_2\sin 45° = 0 \qquad\qquad \text{（b）}$$

由式（a）得 $T_1 = T_2$，代入（b）

$$T - T_1\sin 45° - T_2\sin 45° = 0$$

得

$$T_1 = T_2 = \frac{T}{2\sin 45°} = \frac{18}{2 \times 0.707} = 12.73 \text{（kN）}$$

图 2-12（d）绘出当 $\alpha$ 角分别为 $60°$、$30°$、$15°$ 的情形。$\alpha$ 角越小，拉力 $T_1$ 及 $T_2$ 越大，在

现场施工中必须注意防止因吊索 $AC$、$BC$ 过短而被拉断的事故。

**例 2 – 6**　简易起重机如图 2 – 13 所示。$B$、$C$ 为铰链支座。钢丝绳的一端缠绕在卷扬机 $D$ 上，另一端绕过滑轮 $A$ 将重为 $W = 20$ kN 的重物匀速吊起。杆件 $AB$、$AC$ 及钢丝绳的自重不计，各处的摩擦不计。试用解析法求杆件 $AB$、$AC$ 所受的力。

**解**　（1）取滑轮 $A$ 为研究对象。杆件 $AB$ 及杆件 $AC$ 两端铰链，中间不受力是二力杆，设都为受拉杆；由于不计摩擦，钢丝绳两端的拉力应相等，都等于物体的重量 $W$。由于滑轮受绳子的合力通过轮心，故可以不考虑滑轮的尺寸，滑轮的受力图如图 2 – 13(b)所示。

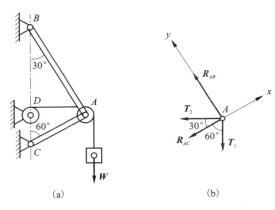

图 2 – 13

（2）求解

取坐标轴 $Axy$ 如图 2 – 13(b)所示，利用平衡方程，得：

$$\sum X = 0, \quad -R_{AC} - T_1 \cos 60° - T_2 \cos 30° = 0$$

不计绳与滑轮间摩擦，故 $T_1 = T_2 = W = 20$（kN），代入上式即得：

$$R_{AC} = -27.32 \text{（kN）}$$

$R_{AC}$ 为负值，说明 $AC$ 杆实际受力方向与假设方向相反，$AC$ 杆为受压力。

$$\sum Y = 0, \quad R_{AB} + T_2 \sin 30° - T_1 \sin 60° = 0$$

解得：$R_{AB} = 7.321$（kN）

$R_{AB}$ 为正值，说明 $AB$ 杆实际力方向与假设方向相同，$AB$ 杆为受拉力。

# 第三章  力矩与平面力偶系

## 第一节  力对点之矩与合力矩定理

### 一、力对点的矩

力对点的矩是很早以前人们在使用杠杆、滑轮、绞盘等机械搬运或提升重物时所形成的一个概念。现以扳手拧螺母为例来说明。如图 3－1 所示，在扳手的 A 点施加一力 **F**，将使扳手和螺母一起绕螺钉中心 O 转动，这就是说，力有使物体(扳手)产生转动的效应。实践经验表明，扳手的转动效果不仅与力 **F** 的大小有关，而且还与 O 点到力作用线的垂直距离 d 有关。当 d 保持不变时，力 **F** 越大，转动越快。当力 **F** 不变时，d 值越大，转动也越快。若改变力的作用方向，则扳手的转动方向就会发生改变，因此，我们用 F 与 d 的乘积再

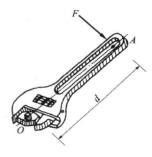

图 3－1

冠以适当的正负号来表示力 **F** 使物体绕 O 点转动的效应，并称为**力 F 对 O 点之矩**，简称**力矩**，以符号 $M_O(F)$ 表示，即：

$$M_O(F) = \pm F \cdot d \tag{3-1}$$

O 点称为转动中心，简称矩心。矩心 O 到力作用线的垂直距离 d 称为力臂。

式中的正负号表示力矩的转向。通常规定：力使物体绕矩心产生逆时针方向转动时，力矩为正；反之为负。在平面力系中，力矩或为正值，或为负值，因此，力矩可视为代数量。

显然，力矩在下列两种情况下等于零：①力等于零；②力臂等于零，就是力的作用线通过矩心。

力矩的单位是牛顿·米(N·m)或千牛顿·米(kN·m)。

**例 3－1**  分别计算图 3－2 所示的 **F**₁、**F**₂ 对 O 点的力矩。

**解**  由式(3－1)，有：

$M_O(F_1) = F_1 d_1 = 10 \times 1 \times \sin 30° = 5$ kN·m

$M_O(F_2) = -F_2 d_2 = -30 \times 1.5 = -45$ kN·m

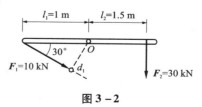

图 3－2

### 二、合力矩定理

我们知道平面汇交力系对物体的作用效应可以用它的合力 R 来代替。这里的作用效应包括物体绕某点转动的效应，而力使物体绕某点的转动效应由力对该点之矩来度量。因此，**平面汇交力系的合力对平面内任一点之矩等于该力系中的各分力对同一点之矩的代数和**。用

式子可表示为：
$$M_O(\boldsymbol{R}) = M_O(\boldsymbol{F}_1) + M_O(\boldsymbol{F}_2) + \cdots + M_O(\boldsymbol{F}_n) = \sum M_O(\boldsymbol{F}) \qquad (3-2)$$
合力矩定理是力学中应用十分广泛的一个重要定理。详细证明留待第四章完成。

**例3-2** 图3-3所示每1 m长挡土墙所受土压力的合力为 $\boldsymbol{R}$，其大小 $R = 200$ kN，求土压力 $\boldsymbol{R}$ 使墙倾覆的力矩。

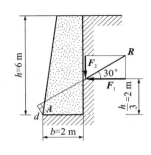

图3-3

**解** 挡土墙与土的联结并不牢，所以土压力 $\boldsymbol{R}$ 可使挡土墙绕 $A$ 点倾覆，求 $\boldsymbol{R}$ 使墙倾覆的力矩，就是求它对 $A$ 点逆时针转的力矩。由于 $\boldsymbol{R}$ 的力臂求解较麻烦，但如果将 $\boldsymbol{R}$ 分解为两个分力 $\boldsymbol{F}_1$ 和 $\boldsymbol{F}_2$，而两分力的力臂是已知的。因此，根据合力矩定理，合力 $\boldsymbol{R}$ 对 $A$ 点之矩等于 $\boldsymbol{F}_1$、$\boldsymbol{F}_2$ 对 $A$ 点之矩的代数和。则：

$$M_A(\boldsymbol{R}) = M_A(\boldsymbol{F}_1) + M_A(\boldsymbol{F}_2) = F_1 \cdot \frac{h}{3} - F_2 \cdot b$$
$$= 200\cos30° \times 2 - 200\sin30° \times 2$$
$$= 146.4 \ (\text{kN} \cdot \text{m})$$

**例3-3** 求图3-4所示各分布荷载对 $A$ 点的矩。

**解** 沿直线平行分布的线荷载可以合成为一个合力。合力的方向与分布荷载的方向相同，合力作用线通过荷载图的重心，其合力的大小等于荷载图的面积。

根据合力矩定理可知，分布荷载对某点之矩就等于其合力对该点之矩。

（1）计算图3-4(a)三角形分布荷载对 $A$ 点的力矩。

$$\sum M_A(\boldsymbol{q}) = -R \cdot d = -\frac{1}{2} \times 2 \times 3 \times 1 = -3 \ (\text{kN} \cdot \text{m})$$

（2）计算图3-4(b)均布荷载对 $A$ 点的力矩为：

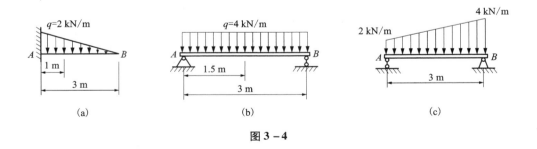

(a)  (b)  (c)

图3-4

$$\sum M_A(\boldsymbol{q}) = -R \cdot d = -4 \times 3 \times 1.5 = -18 \ (\text{kN} \cdot \text{m})$$

（3）计算图3-4(c)梯形分布荷载对 $A$ 点的力矩。此时为避免求梯形形心，可将梯形分布荷载分解为均布荷载和三角形分布荷载，其合力分别为 $\boldsymbol{R}_1$ 和 $\boldsymbol{R}_2$，则有：

$$\sum M_A(\boldsymbol{q}) = -R_1 \cdot d_1 - R_2 \cdot d_2$$
$$= -2 \times 3 \times 1.5 - \frac{1}{2} \times (4-2) \times 3 \times \left(\frac{2}{3} \times 3\right)$$
$$= -15 \ (\text{kN} \cdot \text{m})$$

## 第二节　力偶及其基本性质

### 一、力偶及力偶矩

在生产实践和日常生活中，经常遇到大小相等、方向相反、作用线不重合的两个平行力所组成的力系。这种力系只能使物体产生转动效应而不能使物体产生移动效应。例如，司机操纵方向盘[图 3 – 5(a)]，木工钻孔[图 3 – 5(b)]以及开关自来水龙头或拧钢笔套等。这种大小相等、方向相反、作用线不重合的两个平行力称为**力偶**，用符号($F$, $F'$)表示。力偶的两个力作用线间的垂直距离 $d$ 称为**力偶臂**，力偶的两个力所构成的平面称为**力偶作用面**。

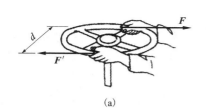 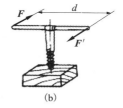

图 3 – 5

实践表明，当组成力偶的力 $F$ 越大，或力偶臂 $d$ 越大，则力偶使物体的转动效应就越强；反之就越弱。因此，与力矩类似，我们用 $F$ 与 $d$ 的乘积来度量力偶对物体的转动效应，并把这一乘积冠以适当的正负号称为**力偶矩**，用 $m$ 表示，即：

$$m = \pm Fd \qquad\qquad (3-3)$$

式中正负号表示力偶矩的转向。通常规定：若力偶使物体作逆时针方向转动时，力偶矩为正，反之为负。在平面力系中，力偶矩是代数量。力偶矩的单位与力矩相同。

### 二、力偶的基本性质

力偶不同于力，它具有一些特殊的性质，现分述如下：

1. 力偶没有合力，不能用一个力来代替

由于力偶中的两个力大小相等、方向相反、作用线平行，如果求它们在某轴 $x$ 上的投影，如图 3 – 6 所示，设力与轴 $x$ 的夹角为 $\alpha$，由图 3 – 6 可得

$$\sum X = F\cos\alpha - F'\cos\alpha = 0$$

这说明，**力偶在任一轴上的投影等于零**。

图 3 – 6

既然力偶在轴上的投影为零，所以力偶对物体只能产生转动效应，而一个力在一般情况下，对物体可产生移动和转动两种效应。

力偶和力对物体的作用效应不同，说明**力偶不能用一个力来代替，即力偶不能简化为一个力，因而力偶也不能和一个力平衡，力偶只能与力偶平衡**。

2. 力偶对其作用面内任一点之矩都等于力偶矩,与矩心位置无关

力偶的作用是使物体产生转动效应,所以力偶对物体的转动效应可以用力偶的两个力对其作用面某一点的力矩的代数和来度量。图 3 - 7 所示力偶($F$, $F'$),力偶臂为 $d$,逆时针转向,其力偶矩为 $m = Fd$,在该力偶作用面内任选一点 $O$ 为矩心,设矩心与 $F'$ 的垂直距离为 $x$。显然力偶对 $O$ 点的力矩为:

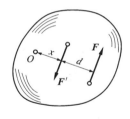

$$M_O(F, F') = F(d + x) - F' \cdot x = Fd = m$$

这说明**力偶对其作用面内任一点的矩恒等于力偶矩,而与矩心的位置无关。**

图 3 - 7

3. 同一平面内的两个力偶,如果它们的力偶矩大小相等、转向相同,则这两个力偶等效,称为力偶的等效性

从以上性质还可得出两个推论:

(1)**在保持力偶矩的大小和转向不变的条件下,力偶可在其作用面内任意移动,而不会改变力偶对物体的转动效应。**例如图 3 - 8(a)作用在方向盘上的两个力偶($P_1$, $P_1'$)与($P_2$, $P_2'$)只要它们的力偶矩大小相等,转向相同,作用位置虽不同,但转动效应是相同的。

(2)**在保持力偶矩的大小和转向不变的条件下,可以任意改变力偶中力的大小和力偶臂的长短,而不改变力偶对物体的转动效应。**例如图 3 - 8(b)所示,在攻螺纹时,作用在绞杆上的($F_1$, $F_1'$)与($F_2$, $F_2'$)虽然 $d_1$ 和 $d_2$ 不相等,但只要调整力的大小,使力偶矩 $F_1 d_1 = F_2 d_2$,则两力偶的作用效果是相同的。

由以上分析可知,力偶对于物体的转动效应完全取决于**力偶矩的大小、力偶的转向及力偶作用面,即力偶的三要素。**因此,在力学计算中,有时也用一带箭头的弧线表示力偶,如图 3 - 9 所示,其中箭头表示力偶的转向,$m$ 表示力偶矩的大小。

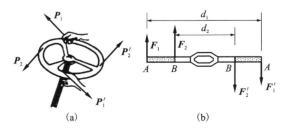

(a)　　　　　　　　　　(b)

图 3 - 8

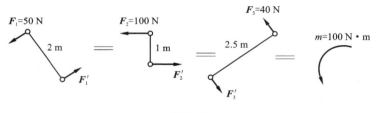

图 3 - 9

## 第三节 平面力偶系的合成与平衡

### 一、平面力偶系的合成

作用在同一平面内的一群力偶称为平面力偶系,如图 3 – 10 所示。平面力偶系合成可以根据力偶的等效性来进行。其合成的结果是:**平面力偶系可以合成为一个合力偶,合力偶矩等于力偶系中各分力偶矩的代数和。**即

$$M = m_1 + m_2 + \cdots + m_n = \sum m \qquad (3-4)$$

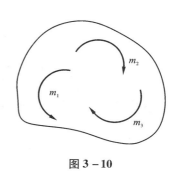

图 3 – 10

**例 3 – 4** 如图 3 – 11 所示,在物体同一平面内受到三个力偶的作用,设 $F_1 = 200$ N,$F_2 = 400$ N,$m = 150$ N·m,求其合成的结果。

**解** 三个共面力偶合成的结果是一个合力偶,各分力偶矩为:

$$m_1 = F_1 d_1 = 200 \times 1 = 200 \ (\text{N·m})$$

$$m_2 = F_2 d_2 = 400 \times \frac{0.25}{\sin 30°} = 200 \ (\text{N·m})$$

$$m_3 = -m = -150 \ (\text{N·m})$$

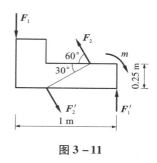

图 3 – 11

由式(3 – 4)得合力偶为:

$$M = \sum m = m_1 + m_2 + m_3 = 200 + 200 - 150 = 250 \ (\text{N·m})$$

即合力偶矩的大小等于 250 N·m,转向为逆时针方向,作用在原力偶系的平面内。

### 二、平面力偶系的平衡条件

平面力偶系可以合成为一个合力偶,当合力偶矩等于零时,则力偶系中的各力偶对物体的转动效应相互抵消,物体处于平衡状态。因此,平面力偶系平衡的必要和充分条件是:**力偶系中所有各力偶矩的代数和等于零。**用式子表示为:

$$\sum m = 0 \qquad\qquad (3-5)$$

**例 3 – 5** 在梁 $AB$ 上作用二力偶,其力偶矩的大小分别为 $m_1 = 120$ kN·m,$m_2 = 360$ kN·m,转向如图 3 – 12(a)所示。梁跨度 $l = 6$ m,重量不计。求 $A$、$B$ 处的支座反力。

**解** 取梁 $AB$ 为研究对象,作用在梁上的力有:两个已知力偶 $m_1$、$m_2$ 和支座 $A$、$B$ 的反力 $R_A$、$R_B$。如图 3 – 12(b)所示,$B$ 处为可动铰支座,其反力 $R_B$ 的方位铅垂,指向假定向上。$A$ 处为固定铰支座,其反力 $R_A$ 的方向本属未能确定的,但因梁上只受力偶作用,故 $R_A$ 必须与 $R_B$ 组成一个力偶才能与梁上的力偶平衡,所以 $R_A$ 的方向亦为铅

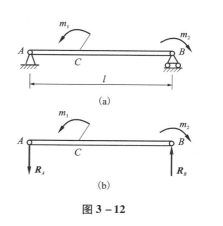

图 3 – 12

垂,指向假定向下。由式(3-5)得:

$$\sum m = 0 \quad m_1 - m_2 + R_A \cdot l = 0$$

故

$$R_A = \frac{m_2 - m_1}{l} = \frac{360 - 120}{6} = 40 \ (\text{kN})(\downarrow)$$

$$R_B = 40 \ (\text{kN})(\uparrow)$$

求得的结果为正值,说明原假设 $\boldsymbol{R}_A$ 和 $\boldsymbol{R}_B$ 的指向就是力的实际指向。

**例3-6** 丁字横梁由固定铰 $A$ 及链杆 $CD$ 支持,如图 3-13(a)所示。在 $AB$ 杆的 $B$ 端有一个力偶作用,其力偶矩 $m = 100$ N·m,转向见图。若各杆自重不计,试求 $A$、$D$ 处的约束反力。

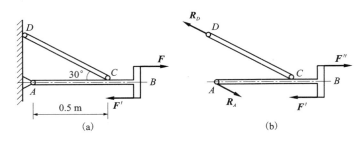

图 3-13

**解** 取整个构架为研究对象。链杆 $CD$ 是二力杆,故支座 $D$ 的约束反力 $\boldsymbol{R}_D$ 沿 $CD$ 杆中心线。另外,根据力偶只能与力偶平衡的性质,支座 $A$ 的约束反力 $\boldsymbol{R}_A$ 与 $\boldsymbol{R}_D$ 也必须组成一个力偶与已知力偶相平衡,故 $\boldsymbol{R}_A$ 与 $\boldsymbol{R}_D$ 等值且反向平行,如图 3-13(b)所示。由平面力偶系的平衡条件得

$$\sum m = 0, \ R_A \cdot \overline{AC}\sin 30° - m = 0$$

$$R_A = \frac{m}{\overline{AC} \cdot \sin 30°} = \frac{100}{0.5 \times 0.5} = 400 \ (\text{N})$$

$$R_D = 400 \ (\text{N})$$

# 第四章　平面一般力系

平面一般力系是指各力的作用线位于同一平面内但不全汇交于一点，也不全平行的力系。平面一般力系是工程上最常见的力系，很多实际问题都可简化成平面一般力系问题处理。例如，图示的三角形屋架，它承受屋面传来的竖向荷载 $P$，风荷载 $Q$ 以及两端支座的约束反力 $X_A$、$Y_A$、$R_B$，这些力组成平面一般力系。

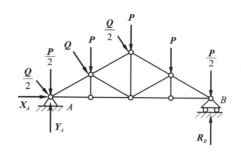

图 4 - 1

在工程中，有些结构构件所受的力，本来不是平面力系，但这些结构(包括支撑和荷载)都对称于某一个平面。这时，作用在构件上的力系就可以简化为在这个对称面内的平面力系。例如，图 4 - 2(a) 所示的重力坝，它的纵向较长，横截面相同，且长度相等的各段受力情况也相同，对其进行受力分析时，往往取 1 m 的堤段来考虑，它所受到的重力、水压力和地基反力也可简化到 1 m 长坝身的对称面上而组成平面力系，如图 4 - 2(b) 所示。

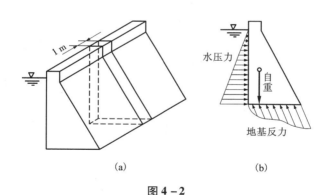

(a)　　　　　　(b)

图 4 - 2

## 第一节　力的平移定理

上面两章已经研究了平面汇交力系与平面力偶系的合成与平衡问题。为了将平面一般力系简化为这两种力系，首先必须解决力的作用线如何平行移动的问题。

设刚体的 $A$ 点作用着一个力 $F$，在此刚体上任取一点 $O$。现在来讨论怎样才能把力 $F$ 平移到 $O$ 点，而不改变其原来的作用效应? 为此，可在 $O$ 点加上两个大小相等、方向相反，与 $F$ 平行的力 $F'$ 和 $F''$，且 $F' = F'' = F$ 根据加减平衡力系公理，$F$、$F'$ 和 $F''$ 与图示的 $F$ 对刚体的作用效应相同。显然 $F''$ 和 $F$ 组成一个力偶，其力偶矩为:

$$m = Fd = M_O(F)$$

这三个力可转换为作用在 $O$ 点的一个力和一个力偶。由此可得力的平移定理：作用在刚体上的力 $\boldsymbol{F}$，可以平移到同一刚体上的任一点 $O$，但必须附加一个力偶，其力偶矩等于原力 $\boldsymbol{F}$ 对新作用点 $A$ 之矩。

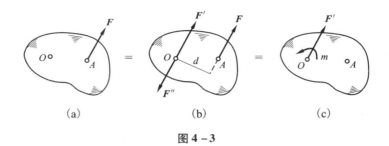

图 4 - 3

顺便指出，根据上述力的平移的逆过程，还可将共面的一个力和一个力偶合成为一个力，该力的大小和方向与原力相同，其作用线间的垂直距离为：

$$d = \frac{|m|}{F'}$$

力的平移定理是一般力系向一点简化的理论依据，也是分析力对物体作用效应的一个重要方法。例如，图 4 - 4(a)所示的厂房柱子受到吊车梁传来的荷载 $F$ 的作用，为分析 $F$ 的作用效应，可将力 $F$ 平移到柱的轴线上的 $O$ 点上，根据力的平移定理得一个力 $\boldsymbol{F}'$，同时还必须附加一个力偶。力 $\boldsymbol{F}$ 经平移后，它对

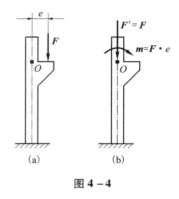

图 4 - 4

柱子的变形效果就可以很明显的看出，力 $\boldsymbol{F}'$ 使柱子轴向受压，力偶使柱弯曲。

# 第二节　平面一般力系向作用面内任一点简化

## 一、简化方法和结果

设在物体上作用有平面一般力系 $F_1$，$F_2$，$\cdots$，$F_n$，如图所示。为将该力系简化，首先在该力系的作用面内任选一点 $O$ 作为简化中心，根据力的平移定理，将各力全部平移到 $O$ 点（如图所示），得到一个平面汇交力系 $F_1'$，$F_2'$，$\cdots$，$F_n'$ 和一个附加的平面力偶系 $m_1$，$m_2$，$\cdots$，$m_n$。

其中平面汇交力系中各力的大小和方向分别与原力系中对应的各力相同，即

$$F_1' = F_1，F_2' = F_2，\cdots，F_n' = F_n$$

各附加的力偶矩分别等于原力系中各力对简化中心 $O$ 点之矩，即

$$m_1 = M_0(F_1)，m_2 = M_0(F_2)，m_n = M_0(F_n)，$$

由平面汇交力系合成的理论可知，$F_1'$，$F_2'$，$\cdots$，$F_n'$ 可合成为一个作用于 $O$ 点的力 $\boldsymbol{R}'$，并称为原力系的**主矢**（图 4 - 5(c)），即

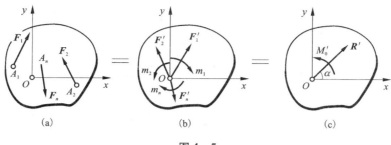

图 4-5

$$R' = F_1' + F_2' + \cdots + F_n' = F_1 + F_2 + \cdots + F_n = \sum F \qquad (4-1)$$

求主矢 $R'$ 的大小和方向，可应用解析法。过 $O$ 点取直角坐标系 $Oxy$，如图 4-5 所示。主矢 $R'$ 在 $x$ 轴和 $y$ 轴上的投影为

$$R_x' = X_1' + X_2' + \cdots + X_n' = X_1 + X_2 + \cdots + X_n = \sum X$$

$$R_y' = Y_1' + Y_2' + \cdots + Y_n' = Y_1 + Y_2 + \cdots + Y_n = \sum Y$$

式中 $X_i'$、$Y_i'$ 和 $X_i$、$Y_i$ 分别是力 $F_i'$ 和 $F_i$ 在坐标轴 $x$ 和 $y$ 轴上的投影。由于 $F_i'$ 和 $F_i$ 大小相等、指向相同，所以它们在同一轴上的投影相等。

主矢 $R'$ 的大小和方向为

$$R' = \sqrt{R_x'^2 + R_y'^2} = \sqrt{\left(\sum X\right)^2 + \left(\sum Y\right)^2} \qquad (4-2)$$

$$\tan\alpha = \frac{|R_y'|}{|R_x'|} = \frac{|\sum Y|}{|\sum X|} \qquad (4-3)$$

$\alpha$ 为 $R'$ 与 $x$ 轴所夹的锐角，$R'$ 的指向由 $\sum X$ 和 $\sum Y$ 的正负号确定。

由力偶系合成的理论知，$m_1$，$m_2$，$\cdots$，$m_n$ 可合成为一个力偶[如图 4-5(c)]，并称为原力系对简化中心 $O$ 的主矩，即

$$M_O = m_1 + m_2 + \cdots + m_n = M_O(F_1) + M_O(F_2) + \cdots + M_O(F_n)$$

$$= \sum M_O(F) \qquad (4-4)$$

综上所述，得到如下结论：平面一般力系向作用面内任一点简化的结果，是一个力和一个力偶。该力通过简化中心，它的矢量称为原力系的主矢，并等于原力系中各力的矢量和；这个力偶的力偶矩称为原力系对简化中心的主矩，并等于原力系中各力对简化中心之矩的代数和。

应当注意，作用于简化中心的力 $R'$ 一般并不是原力系的合力，力偶矩为 $M_O$ 的力偶也不是原力系的合力偶，只有 $R'$ 和 $M_O$ 两者相结合才与原力系等效。

由于主矢等于原力系中各力的矢量和，因此主矢 $R'$ 的大小和方向与简化中心的位置无关。而主矩等于原力系中各力对简化中心之矩的代数和，取不同的点作为简化中心，各力的力臂都要发生变化，则各力对简化中心的力矩也会改变，因而，主矩一般随着简化中心位置不同而改变。

## 二、平面一般力系简化结果的讨论

平面一般力系向一点简化，一般可得到一个力和一个力偶，但这并不是最后的简化结

果。根据主矢与主矩是否存在，可能出现下列几种情况：

（1）若 $\boldsymbol{R}' = 0$，$M_O \neq 0$，说明原力系与一个力偶等效，而这个力偶的力偶矩就是主矩。

由于力偶对平面内任意一点之矩都相同，因此当力系简化为一个力偶时，主矩与简化中心的位置无关，无论向哪一点简化，所得的主矩都相同，即：$M = M_O$。

（2）若 $\boldsymbol{R}' \neq 0$，$M_O = 0$，则作用于简化中心的力 $\boldsymbol{R}'$ 就是原力系的合力，作用线通过简化中心，即：$\boldsymbol{R} = \boldsymbol{R}'$。

（3）若 $\boldsymbol{R}' \neq 0$，$M_O \neq 0$，这时根据力的平移定理的逆过程，可以进一步合成为合力 $\boldsymbol{R}$，如图 4 - 6 所示。

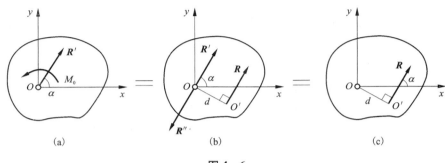

图 4 - 6

将力偶矩为 $M_O$ 的力偶用两个反向平行力 $\boldsymbol{R}$、$\boldsymbol{R}''$ 表示，并使 $\boldsymbol{R}'$ 和 $\boldsymbol{R}''$ 等值、共线，使它们构成一平衡力，如图 4 - 6（b），为保持 $M_O$ 不变，只要取力臂 $d$ 为：

$$d = \frac{|M_O|}{R'} = \frac{|M_O|}{R}$$

将 $\boldsymbol{R}'$ 和 $\boldsymbol{R}''$ 这一平衡力系去掉，这样就只剩下 $\boldsymbol{R}$ 力与原力系等效。合力 $\boldsymbol{R}$ 在 $O$ 点的哪一侧，由 $\boldsymbol{R}$ 对 $O$ 点的矩的转向应与主矩 $M_O$ 的转向相一致来确定。

（4）$\boldsymbol{R}' = 0$，$M_O = 0$，此时力系处于平衡状态。

## 三、平面一般力系的合力矩定理

由上面分析可知，当 $\boldsymbol{R}' \neq 0$，$M_O \neq 0$ 时，还可进一步简化为一个合力 $\boldsymbol{R}$，如图 4 - 6 所示，合力对 $O$ 点的矩是：

$$M_O(\boldsymbol{R}) = R \cdot d = M_O$$

而

$$M_O = \sum M_O(\boldsymbol{F})$$

所以

$$M_O(\boldsymbol{R}) = \sum M_O(\boldsymbol{F})$$

由于简化中心 $O$ 点是任意选取的，故上式有普遍的意义。于是可得到平面力系的合力矩定理。**平面一般力系的合力对其作用面内任一点之矩等于力系中各力对同一点之矩的代数和。**

例 4 - 1　如图 4 - 7（a）所示，梁 $AB$ 的 $A$ 端是固定端支座，试用力系向某点简化的方法说明固定端支座的反力情况。

**解** 梁的 $A$ 端嵌入墙内成为固定端，固定端约束的特点是使梁的端部既不能移动也不能转动。在主动力作用下，梁插入部分与墙接触的各点都受到大小和方向都不同的约束反力作用(图 $4-7$(b))，这些约束反力就构成一个平面一般力系，将该力系向梁上 $A$ 点简化就得到一个力 $R_A$ 和一个力偶矩为 $M_A$ 的力偶，为了便于计算，一般可将约束反力 $R_A$ 用它的水平分力 $X_A$ 和竖直分力 $Y_A$ 来代替。因此，在平面力系情况下，固定端支座的约束反力包括三个：即阻止梁端向任何方向移动的水平反力 $X_A$ 和竖向反力 $Y_A$，以及阻止物体转动的反力偶 $M_A$。它们的指向都是假定的，其中 $M_A$ 相当于是一个合力偶，故用大写 $M$ 表示。

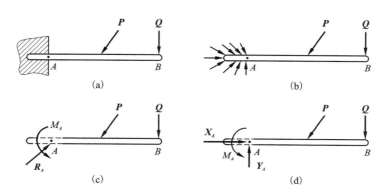

图 $4-7$

**例 $4-2$** 挡土墙受力情况如图 $4-8$ 所示。已知自重 $G=420$ kN，土压力 $P=300$ kN，水压力 $Q=180$ kN。试将这三个力向底面中心 $O$ 点简化，并求最后的简化结果。

**解** (1)先将力系向 $O$ 点简化，取坐标系如图 $4-8$(b)所示。由式可求得主矢 $R'$ 的大小和方向。由于

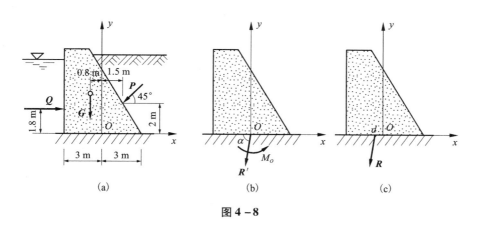

图 $4-8$

$$R'_x = \sum X = Q - P\cos45° = 180 - 300 \times 0.707 = -32.1 \text{ (kN)}$$

$$R'_y = \sum Y = -P\sin45° - G = -300 \times 0.707 - 420 = -632.1 \text{ (kN)}$$

所以 
$$R' = \sqrt{(\sum X)^2 + (\sum Y)^2} = \sqrt{(-32.1)^2 + (-632.1)^2} = 632.9 \text{ (kN)}$$

$$\tan\alpha = \frac{|\sum Y|}{|\sum X|} = \frac{|-632.1|}{|-32.1|} = 19.7 \quad \alpha = 87°5'$$

因为 $\sum X$ 和 $\sum Y$ 都是负值，故 $R'$ 指向为第三象限，与 $x$ 轴的夹角为 $\alpha$。

再由式（4-4）可求得主矩

$$M_O = \sum M_O(F) = -Q \times 1.8 + P\cos45° \times 2 - P\sin45° \times 1.5 + G \times 0.8$$
$$= -180 \times 1.8 + 300 \times 0.707 \times 2 - 300 \times 0.707 \times 1.5 + 420 \times 0.8$$
$$= 118.05 \text{ (kN·m)}$$

计算结果为正值，表示主矩 $M_O$ 是逆时针转向。

因挡土墙处于平衡状态，故地基反力与 $\boldsymbol{R}'$ 和 $M_O$ 相反，可将其分解为水平反力 $X_O$ 和竖向反力 $Y_O$，以及阻止物体转动的反力偶 $M_O$。

（2）求最后的简化结果

因为主矢 $\boldsymbol{R}' \neq 0$，主矩 $M_O \neq 0$，如图所示，所以还可以进一步合成为一个合力 $R$。$R$ 的大小和方向与 $R'$ 相同，它的作用线与 $O$ 点距离为

$$d = \frac{|M_O|}{R} = \frac{118.05}{632.9} = 0.187 \text{ (m)}$$

因 $M_O(R)$ 也为正，即合力 $R$ 应在 $O$ 点左侧，如图 4-8（c）所示。

# 第三节 平面一般力系的平衡条件及其应用

## 一、平面一般力系的平衡条件

平面一般力系向平面内任一点简化，若主矢 $R'$ 和主矩 $M_O$ 同时等于零，表明作用于简化中心 $O$ 点的平面汇交力系和附加平面力偶系都自成平衡，则原力系一定是平衡力系；反之，如果主矢 $R'$ 和主矩 $M_O$ 中有一个不等于零或两个都不等于零时，则平面一般力系就可以简化为一个合力或一个力偶，原力系就不能平衡。因此，**平面一般力系平衡的必要与充分条件是力系的主矢和力系对平面内任一点的主矩都等于零**。即

$$R' = 0 \quad M_O = 0$$

1. 平衡方程的基本形式

由于

$$R' = \sqrt{(\sum X)^2 + (\sum Y)^2} = 0,$$
$$M_O = \sum M_O(F) = \sum M_O = 0$$

于是平面一般力系的平衡条件为

$$\left.\begin{array}{l} \sum X = 0 \\ \sum Y = 0 \\ \sum M_O = 0 \end{array}\right\} \qquad (4-5)$$

式中 $\sum M_O(F)$ 也可简写成 $\sum M_O$，以下相同。

由此得出结论，平面一般力系平衡的必要与充分的解析条件是：**力系中所有各力在任意选取的两个坐标轴中的每一轴上投影的代数和分别等于零；力系中所有各力对平面内任意点之矩的代数和也等于零**。式中包含两个投影方程和一个力矩方程，是平面一般力系**平衡方程**

**的基本形式**。这三个方程是彼此独立的，可求出三个未知量。

2. 平衡方程的其他形式

前面我们通过平面一般力系的平衡条件导出了平面一般力系平衡方程的基本形式，除此之外，还可以将平衡方程改写成二矩式和三矩式的形式。

（1）二力矩式

三个平衡方程中有一个为投影方程，两个为力矩方程，即

$$\left.\begin{array}{l} \sum X = 0 \\ \sum M_A = 0 \\ \sum M_B = 0 \end{array}\right\} \qquad (4-6)$$

式中：$x$ 轴不能与 $A$、$B$ 两点的连线垂直。

可以证明：式（4-6）也是平面一般力系的平衡方程。因为，如果力系对点 $A$ 的主矩等于零，则这个力系不可能简化为一个力偶，但可能有两种情况：这个力系或者是简化为经过点 $A$ 的一个力 $R$，或者平衡；如果力系对另外一点 $B$ 的主矩也同时为零，则这个力系或简化为一个沿 $A$、$B$ 两点连线的合力 $R$，或者平衡；如果再满足 $\sum X = 0$，且 $x$ 轴不与 $A$、$B$ 两点连线垂直，则力系也不能合成为一个合力，若有合力，合力在 $x$ 轴上就必然有投影。因此力系必然平衡。

（2）三力矩式

三个平衡方程都为力矩方程，即

$$\left.\begin{array}{l} \sum M_A = 0 \\ \sum M_B = 0 \\ \sum M_C = 0 \end{array}\right\} \qquad (4-7)$$

式中：$A$、$B$、$C$ 三点不共线。

同样可以证明，式（4-7）也是平面一般力系的平衡方程。因为，如果力系对 $A$、$B$ 两点的主矩同时等于零，则力系或者是简化为经过 $A$、$B$ 两点的一个力 $R$，或者平衡；如果力系对另外一个 $C$ 点的主矩也同时为零，且 $C$ 点不在 $A$、$B$ 两点的连线上，则力系就不可能合成为一个力，因为一个力不可能同时通过不在一直线上的三点。因此力系必然平衡。

图 4-9　　　　　　　　　　　　　　　　　　图 4-10

上述三组方程都可以用来解决平面一般力系的平衡问题。究竟选取哪一组方程，需根据具体条件确定。对于受平面一般力系作用的单个物体的平衡问题，只可以写出三个独立的平衡方程，求解三个求知量。任何第四个方程都是不独立的，我们可以利用不独立的方程来校核计算结果。

## 二、平面平行力系的平衡方程

平面平行力系是平面一般力系的一种特殊情况。

如图 4-11 所示，设物体受平面平行力系 $F_1$，$F_2$，…，$F_n$ 的作用。如选取 $x$ 轴与各力垂直，则不论力系是否平衡，每一个力在 $x$ 轴上的投影恒等于零，即 $\sum X \equiv 0$。于是，平面平行力系只有两个独立的平衡方程，即

$$\left.\begin{array}{l} \sum Y = 0 \\ \sum M_O = 0 \end{array}\right\} \qquad (4-8)$$

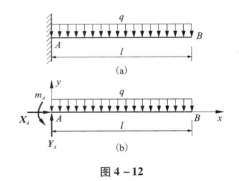

图 4-11

平面平行力系的平衡方程，也可以写成二矩式的形式，即

$$\left.\begin{array}{l} \sum M_A = 0 \\ \sum M_B = 0 \end{array}\right\} \qquad (4-9)$$

式中：$A$、$B$ 两点的连线不与力线平行。

利用平面平行力系的平衡方程，可求解两个未知量。

## 三、平面一般力系平衡方程的应用

现举例说明，应用平面一般力系的平衡条件，来求解工程实际中物体平衡问题的步骤和方法。

**例 4-3** 悬臂梁 $AB$ 受荷载作用如图 4-12(a)所示。一端为固定端支座约束，另一端为自由端的梁，称为悬臂梁。已知线分布荷载 $q = 2$ kN/m，$l = 2$ m，梁的自重不计。求固定端支座 $A$ 处的约束反力。

**解** 取梁 $AB$ 为研究对象，受力分析如图 4-12(b)所示，支座反力的指向均为假设，梁上所受的荷载与支座反力组成平面一般力系。

梁上的均布荷载可先合成为合力 $Q$，其大小 $Q = ql$，方向铅垂向下，作用在 $AB$ 梁的中点。选取坐标系如图所示，列一矩式的平衡方程如下：

$$\sum X = 0, \quad X_A = 0$$
$$\sum Y = 0, \quad Y_A - ql = 0$$
$$\sum M_A = 0, \quad M_A - ql \times \frac{l}{2} = 0$$

解得

$$X_A = 0$$
$$Y_A = ql = 2 \times 2 = 4 \text{ kN}(\uparrow)$$
$$M_A = \frac{ql^2}{2} = \frac{2 \times 2^2}{2} = 4 \text{ kN} \cdot \text{m}(\curvearrowleft)$$

求得结果为正值，说明假设约束反力的指向与实际相同。

校核　　　　　$\sum M_B = M_A - Y_A l + ql \times \dfrac{l}{2} = 4 - 4 \times 2 + 2 \times 2 \times \dfrac{2}{2} = 0$

可见，$Y_A$ 和 $m_A$ 计算无误。

由此例可以得出**结论：对于悬臂梁和悬臂刚架均适合于采用一矩式平衡方程求解支座反力。**

**例 4 – 4**　简支刚架如图 4 – 13(a) 所示。已知 $P = 15$ kN，$m = 6$ kN·m，$Q = 20$ kN，求 $A$、$B$ 处的支座反力。

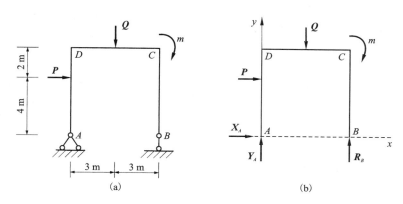

图 4 – 13

**解**　取刚架整体为研究对象，受力分析如图 4 – 13(b) 所示，支座反力的指向均为假设，刚架上所受的荷载与支座反力组成平面一般力系。选取坐标系如图 4 – 13(b) 所示，列二矩式的平衡方程如下：

$$\sum X = 0, \quad X_A + P = 0$$
$$\sum M_A = 0, \quad R_B \times 6 - m - Q \times 3 - P \times 4 = 0$$
$$\sum M_B = 0, \quad -Y_A \times 6 - m + Q \times 3 - P \times 4 = 0$$

解得

$$X_A = -P = -15 \ (\text{kN})(\leftarrow)$$

$$R_B = \frac{1}{6}(m + 3Q + 4P) = \frac{1}{6}(6 + 3 \times 20 + 4 \times 15) = 21 \ (\text{kN})(\uparrow)$$

$$Y_A = \frac{1}{6}(-m + 3Q - 4P) = -\frac{1}{6}(-6 + 3 \times 20 - 4 \times 15) = -1 \ (\text{kN})(\downarrow)$$

求得结果 $X_A$、$Y_A$ 为负值，说明假设的指向与实际相反；$R_B$ 为正值，说明假设约束反力的指向与实际相同。

校核　　　　　$\sum Y = Y_A + R_B - Q = -1 + 21 - 20 = 0$

说明计算无误。

**由此例可得出结论：对于简支梁、简支刚架均适合于采用二矩式平衡方程求解支座反力。**

**例 4 – 5**　某房屋中的梁 $AB$ 两端支承在墙内，构造及尺寸如图 4 – 14(a) 所示。该梁简化为简支梁如图 4 – 14(b) 所示，不计梁的自重。求墙壁对梁 $A$、$B$ 端的约束反力。

**解** （1）取简支梁 *AB* 为研究对象，计算简图如图 4-14（b）所示。

（2）受力分析如图 4-14（c）所示。约束反力 $X_A$、$Y_A$ 和 $R_B$ 的指向均为假设，梁受平面一般力系的作用。

（3）取如图所示坐标系，列二矩式的平衡方程如下：

$$\sum X = 0, \quad X_A = 0$$
$$\sum M_A = 0, \quad R_B \times 6 + 6 - 10 \times 2 = 0$$
$$\sum M_B = 0, \quad -Y_A \times 6 + 10 \times 4 + 6 = 0$$

（4）求解未知量，得

$$X_A = 0$$
$$R_B = 2.33 \text{（kN）}(\uparrow)$$
$$Y_A = 7.67 \text{（kN）}(\uparrow)$$

（5）校核

$$\sum Y = Y_A + R_B - 10 = 7.67 + 2.33 - 10 = 0$$

说明计算无误。

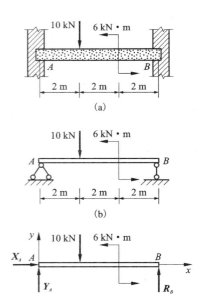

图 4-14

**例 4-6** 悬臂式起重机尺寸及受荷载如图 4-15（a）所示，*A*、*B*、*C* 处都是铰链连接。已知梁 *AB* 自重 $G = 6$ kN，匀速提升重量 $P = 15$ kN。求铰链 *A* 的约束反力及拉杆 *BC* 所受的力。

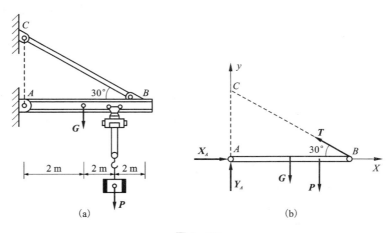

图 4-15

**解** （1）选取梁 *AB* 为研究对象。

（2）受力分析如图 4-15（b）所示。在梁上受已知力：*P* 和 *G* 作用；求未知力：二力杆 *BC* 的拉力 *T*、铰链 *A* 的约束反力 $X_A$ 和 $Y_A$。这些力的作用线在同一平面内组成平面一般力系。

（3）列平衡方程。由于梁 *AB* 处于平衡状态，因此力系满足平面一般力系的平衡条件。取坐标轴如图所示，列三矩式的平衡方程如下：

$$\sum M_A = 0, \quad T \times 4\sin 30° - G \times 2 - P \times 3 = 0$$
$$\sum M_B = 0, \quad -Y_A \times 4 + G \times 2 + P \times 1 = 0$$

$$\sum M_C = 0, \quad X_A \times 4\tan 30° - G \times 2 - P \times 3 = 0$$

（4）求解未知量

$$T = 28.5 \ (\text{kN}) \ (\nwarrow)$$
$$X_A = 24.68 \ (\text{kN}) \ (\rightarrow)$$
$$Y_A = 6.75 \ (\text{kN}) \ (\uparrow)$$

求出结果均为正值，说明假设反力的指向与实际方向相同。

（5）校核

$$\sum X = X_A - T\cos 30° = 24.68 - 28.5 \times 0.866 = 0$$
$$\sum Y = Y_A - G - P + T\sin 30° = 6.75 - 6 - 15 + 28.5 \times 0.5 = 0$$

计算无误。

由此例可得出结论：对于三角支架适合于采用三矩式平衡方程求解约束反力。

从上述例题可见，选取适当的坐标轴和矩心，可以减少每个平衡方程中的未知量的数目。在平面一般力系情况下，力矩应取在两未知力的交点上，而投影轴尽量与多个未知力垂直。

**例 4 – 7** 如图 4 – 16 所示，均布荷载沿水平方向分布，求此梁支座 $A$ 和 $B$ 处的支反力。

**解** 取整体 $ABC$ 为研究对象。受力分析如图 4 – 16 所示，则此梁受平面平行力系作用，列出二矩式的平衡方程如下：

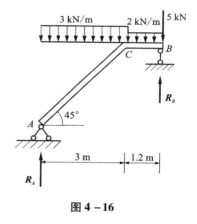

$$\sum M_A = 0$$
$$R_B \times 4.2 - 5 \times 4.2 - 2 \times 1.2 \times 3.6 - 3 \times 3 \times 1.5 = 0$$
$$\sum M_B = 0,$$
$$- R_A \times 4.2 + 3 \times 3 \times 2.7 + 2 \times 1.2 \times 0.6 = 0$$

解得

$$R_B = 10.27 \ (\text{kN}) \ (\uparrow)$$
$$R_A = 6.13 \ (\text{kN}) \ (\uparrow)$$

图 4 – 16

校核 $\quad \sum Y = R_A + R_B - 3 \times 3 - 2 \times 1.2 - 5 = 6.13 + 10.27 - 9 - 2.4 - 5 = 0$

计算无误。

**例 4 – 8** 某房屋的外伸梁构造及尺寸如图 4 – 17（a）所示。该梁的力学简图如图 4 – 17（b）所示。已知 $q_1 = 20 \ \text{kN/m}$，$q_2 = 25 \ \text{kN/m}$。求 $A$、$B$ 支座的反力。

**解** （1）取外伸梁 $AC$ 为研究对象，计算简图如图 4 – 17（b）。

（2）受力分析如图 4 – 17（c）所示。约束反力 $R_A$ 和 $R_B$ 假设向上，梁受平面平行力系的作用。

（3）取如图所示坐标系，列二矩式的平衡方程如下：

$$\sum M_A = 0, \quad R_B \times 5 - 20 \times 5 \times 2.5 - 25 \times 2 \times 6 = 0$$
$$\sum M_B = 0, \quad - R_A \times 5 + 20 \times 5 \times 2.5 - 25 \times 2 \times 1 = 0$$

（4）求解未知量，得

$$R_A = 40 \ (\text{kN}) \ (\uparrow)$$
$$R_B = 110 \ (\text{kN}) \ (\uparrow)$$

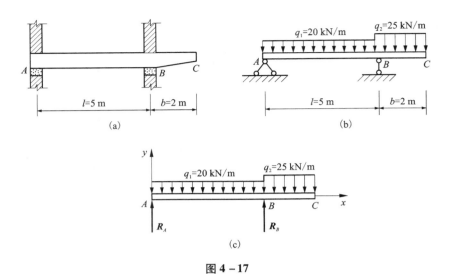

图 4－17

（5）校核

$$\sum Y = R_A + R_B - 20 \times 5 - 25 \times 2 = 40 + 110 - 100 - 50 = 0$$

说明计算无误。

**例 4－9** 图 4－18 所示为塔式起重机。已知 $b =$ 2 m，机身重 $G = 240$ kN，其作用线到右侧的距离 $e =$ 1. 5 m，起重机的平衡块重为 $Q$，其作用线到左轨的距离 $a = 6$ m，荷载 $P$ 的作用线到右侧的距离 $l = 12$ m。①试确定起重机的平衡块的重量 $Q$ 的大小值；②起重机不向右倾倒的最大起重荷载 $P$ 为多少？

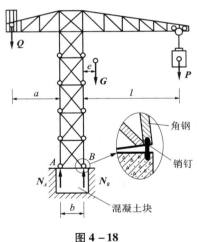

图 4－18

**解**　（1）取起重机为研究对象。

受力分析如图 4－18 所示，作用于起重机上的主动力有 $G$、$P$、$Q$，约束反力有 $N_A$ 和 $N_B$，$N_A$ 和 $N_B$ 均铅垂向上，以上各力组成平面平行力系。

（2）确定平衡块重量 $Q$。

由于构造的原因，铰能承受的拉力很小，偏安全地以铰不承受拉力来确定平衡块的重量。空载 $P = 0$ 时，平衡块重量 $Q$ 引起的右侧铰受拉力最大，要右铰不受拉，只需条件 $N_B \geq 0$。以 $A$ 点为矩心，列平衡方程。

$$\sum M_A = 0, \quad Q \cdot a + N_B \cdot b - G(e + b) = 0$$

解得

$$N_B = \frac{1}{b} \left[ G(e + b) - Q \cdot a \right] = \frac{1}{2} \left[ 240(1.5 + 2) - Q \times 6 \right] \geq 0$$

$$Q = 140 \ (\text{kN})$$

（3）使起重机不向右倾倒的条件是左边铰不受拉，即 $N_A \geq 0$。

以 $B$ 点为矩心，列平衡方程

$$\sum M_B = 0, \quad Q(a + b) - N_A \cdot b - G \cdot e - P \cdot l = 0$$

解得

$$N_A = \frac{1}{b}\big[Q(a+b) - G \cdot e - P \cdot l\big]$$

要使 $N_A \geqslant 0$，则需

$$Q(a+b) - G \cdot e - P \cdot l \geqslant 0$$

$$P \leqslant \frac{1}{l}\big[Q(a+b) - G \cdot e\big] = \frac{1}{12}\big[140(6+2) - 240 \times 1.5\big] = 63.3 \ (\text{kN})$$

当荷载 $P \leqslant 63.3$ kN 时，起重机不会向右倾倒。

## 第四节　物体系统的平衡

　　在工程中，常常遇到由几个物体通过一定的约束联系在一起的系统，这种系统称为物体系统。如图 4 - 19(a)所示的组合梁、图 4 - 21(a)图示的三铰刚架等都是由几个物体组成的物体系统。

　　研究物体系统的平衡时，不仅要求解支座反力，而且还需要计算系统内各物体之间的相互作用力。我们将作用在物体上的力分为内力和外力。所谓外力，就是系统以外的其他物体作用在这个系统上的力；所谓内力，就是系统内各物体之间相互作用的力。如图 4 - 19(b)所示，荷载及 A、C 支座处的反力就是组合梁的外力，而在铰 B 处左右两段梁之间的相互作用力就是组合梁的内力。应当注意，内力和外力是相对的概念，也就是相对所取的研究对象而言。例如图 4 - 19(b)所示组合梁在铰 B 处的约束反力，对组合梁的整体而言，就是内力；而对图 4 - 19(c)和(d)所示的左、右两段梁来说，B 点处的约束反力被暴露出来，就成为外力了。

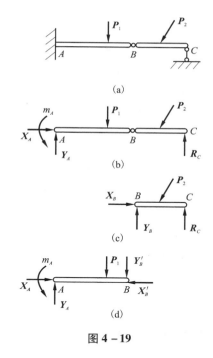

图 4 - 19

　　当物体系统平衡时，组成该系统的每一个物体也都处于平衡状态，因此对于每一个受平面一般力系作用的物体，均可写出三个平衡方程。**若由 $n$ 个物体组成的物体系统，则共有 $3n$ 个独立的平衡方程。**如系统中有的物体受平面汇交力系或平面平行力系作用时，则系统的平衡方程数目相应减少。**当系统中的未知力数目等于独立平衡方程的数目时，则所有未知力都能由平衡方程求出，这样的问题称为静定问题。**显然前面列举的各例都是静定问题。在工程实际中，有时为了提高结构的承载能力，常常增加多余的约束，因而使这些**结构的未知力的数目多于平衡方程的数目，未知量就不能全部由平衡方程求出，这样的问题称为静不定问题或超静定问题。**这里只研究静定问题。

　　求解物体系统的平衡问题，关键在于恰当地选取研究对象，正确地选取投影轴和矩心，列出适当的平衡方程。总的原则是：尽可能地减少每一个平衡方程中的未知量，最好是每个

方程只含有一个未知量，以避免求解联立方程。例如，对于图 4-19(a)所示的连续梁，就适合于先取附属 $BC$ 部分作为研究对象，列出平衡方程，解出部分未知量；再从系统中选取基本部分或整个系统作为研究对象，列出平衡方程，求出其余的未知量。

**例 4-10** 组合梁受荷载如图 4-20(a)所示。已知 $P_1 = 16$ kN，$P_2 = 20$ kN，$m = 8$ kN·m，梁自重不计，求支座 $A$、$C$ 的反力。

**解** 组合梁由两段梁 $AB$ 和 $BC$ 组成，作用于每段梁上的力系都是平面一般力系，共有 6 个独立的平衡方程；而约束力的未知数也是 6 个（$A$ 处有三个，$B$ 处有两个，$C$ 处有一个）。

首先取 $BC$ 梁为研究对象，受力图如图 4-20(b)所示。

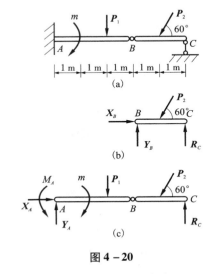

$$\sum X = 0, \quad X_B - P_2 \cos 60° = 0$$
$$X_B = P_2 \cos 60° = 10 \text{ kN}(\rightarrow)$$
$$\sum M_B = 0, \quad 2R_C - P_2 \sin 60° \times 1 = 0$$
$$R_C = \frac{P_2 \sin 60°}{2} = 8.66 \ (\text{kN})(\uparrow)$$
$$\sum Y = 0, \quad R_C + Y_B - P_2 \sin 60° = 0$$
$$Y_B = -R_C + P_2 \sin 60° = 8.66 \ (\text{kN})(\uparrow)$$

图 4-20

再以整体为研究对象，受力图如图 4-20(c)所示，此时 $R_C$ 已求出，只有三个未知量。

$$\sum X = 0, \quad X_A - P_2 \cos 60° = 0$$
$$X_A = P_2 \cos 60° = 10 \ (\text{kN})(\rightarrow)$$
$$\sum M_A = 0, \quad 5R_C - 4P_2 \sin 60° - P_1 \times 2 - m + M_A = 0$$
$$M_A = 4P_2 \sin 60° + 2P_1 - 5R_C + m = 65.98 \ (\text{kN·m})$$
$$\sum Y = 0, \quad Y_A + R_C - P_1 - P_2 \sin 60° = 0$$
$$Y_A = P_1 + P_2 \sin 60° - R_C = 24.66 \ (\text{kN})$$

校核：对整个组合梁，列出：
$$\sum M_B = m_A - 3Y_A + P_1 \times 1 - 1 \times P_2 \sin 60° + 2R_C - m$$
$$= 65.98 - 3 \times 24.66 + 16 \times 1 - 1 \times 20 \times 0.866 + 2 \times 8.66 - 8 = 0$$

可见计算无误。

**例 4-11** 图 4-21(a)表示三铰刚架的受力情况。已知 $q = 10$ kN/m，$l = 12$ m，$h = 6$ m，求固定铰支座 $A$、$B$ 的约束反力和铰 $C$ 处的相互作用力。

**解** 三铰刚架由左、右两个折杆组成，作用于结构上的主动力是均布荷载 $q$，约束反力是 $X_A$、$X_B$、$Y_A$、$Y_B$。画出受力图[图 4-21(b)]。在铰 $C$ 处将刚架拆开成左、右两半，假设铰 $C$ 对左半部的作用力是 $X_C$、$Y_C$，则作用于右半部的力应当是 $X_C'$、$Y_C'$，两者是作用力与反作用力的关系[图 4-21(c)]。从整体和两个折杆的受力图上看到，要求的未知量共有六个。

作用在整体或每个折杆上的未知力个数都是四个。可分别选取整体和一个折杆为研究对象，或选取左、右两个折杆为研究对象，列出六个平衡方程，求解六个未知量。先取整体为研究对象，将力矩方程的矩心分别选在 $A$、$B$ 两点上，可以方便地求出 $Y_B$ 和 $Y_A$。然后再考虑

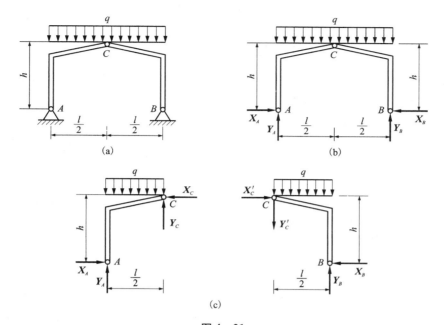

图 4 – 21

一个折杆的平衡，因 $Y_B$ 和 $Y_A$ 已求得，每个折杆上都只剩下三个未知力，因而列三个平衡方程就可求解。

（1）取整体为研究对象

由 $$\sum M_A(\boldsymbol{F}) = 0, \ Y_B l - q l \cdot \frac{l}{2} = 0$$

得 $$Y_B = \frac{ql}{2} = \frac{10 \times 12}{2} = 60 \ (\text{kN}) \ (\uparrow)$$

由 $$\sum M_B(\boldsymbol{F}) = 0, \ -Y_A l + q l \cdot \frac{l}{2} = 0$$

得 $$Y_A = \frac{ql}{2} = \frac{10 \times 12}{2} = 60 \ (\text{kN}) \ (\uparrow)$$

由 $$\sum X = 0, \ X_A - X_B = 0$$
得 $$X_A = X_B$$

（2）取左边折杆为研究对象。

由 $$\sum M_C(\boldsymbol{F}) = 0, \ q \cdot \frac{l}{2} \cdot \frac{l}{4} + X_A \cdot h - Y_A \cdot \frac{l}{2} = 0$$

得 $$X_A = \frac{Y_A \times 6 - q \times 6 \times 3}{h} = \frac{60 \times 6 - 10 \times 6 \times 3}{6} = 30 \ (\text{kN}) \ (\rightarrow)$$

因 $$X_A = X_B$$
故 $$X_B = 30 \ (\text{kN}) \ (\leftarrow)$$
由 $$\sum X = 0, \ X_A - X_C = 0$$
得 $$X_C = X_A = 30 \ (\text{kN}) \ (\leftarrow)$$

由 $$\sum Y = 0 , \quad Y_A + Y_C - \frac{ql}{2} = 0$$

得 $$Y_C = \frac{ql}{2} - Y_A = 60 - 60 = 0$$

校核：可以再取右边折杆为研究对象，列出它的平衡方程，并将求出的数值代入，验算是否满足平衡条件（请读者自己完成）。

通过以上例题的分析，可将求解物体系统平衡问题的要领归纳如下：

（1）要抓住一个"拆"字。将物体系统从相互联系的地方拆开，在拆开的地方用相应的约束反力代替约束对物体的作用。这样，就把物体系统分解为若干个单个物体，单个物体受力简单，便于分析。

（2）比较系统的独立平衡方程个数与未知量个数，若彼此相等，则可根据平衡方程求解出全部未知量。一般来说，由 $n$ 个物体组成的系统，可以建立 $3n$ 个独立的平衡方程。

（3）根据已知条件和所求的未知量，选取研究对象。通常可先由整体系统的平衡，求出某些待求的未知量，然后再根据需要适当选取系统中的某些部分为研究对象，求出其余的未知量。

（4）在各单个物体的受力图上，物体间相互作用的力一定要符合作用与反作用关系。物体拆开处的作用与反作用关系，是顺次继续求解未知力的"桥"。在一个物体上，可能某拆开处的相互作用力是未知的，但求解之后，对与它在该处联系的另一物体就成为已知的了。可见，作用与反作用关系在这里起"桥"的作用。

（5）选择平衡方程的形式和注意选取适当的坐标轴和矩心，尽可能做到在一个平衡方程中只含有一个未知量，并尽可能使计算简化。

# 第五章　材料力学的基本概念

## 第一节　变形固体及其基本假设

### 一、变形固体

工程中构件和零件都是由固体材料制成，如铸铁、钢、木材、混凝土等。这些固体材料在外力作用下都会或多或少地产生变形，我们将这些固体材料称为**变形固体**。

变形固体在外力作用下会产生两种不同性质的变形：一种是当外力消失时，变形也随之消失，这种变形称为**弹性变形**；另一种是外力消失后，变形不能全部消失而留有残余，这种不能消失的残余变形称为**塑性变形**。一般情况下，物体受力后，既有弹性变形，又有塑性变形。但工程中常用的材料，在所受外力不超过一定范围时，塑性变形很小，可忽略不计，认为材料只产生弹性变形而不产生塑性变形。这种只有弹性变形的物体称为**理想弹性体**。只产生弹性变形的外力范围称为**弹性范围**。本书将只限于给出材料在弹性范围内的变形、内力及应力等计算方法和计算公式。

工程中大多数构件在外力作用下产生变形后，其几何尺寸的改变量与构件原始尺寸相比，常是极其微小的，我们称这类变形为**小变形**。材料力学研究的内容将限于小变形范围。由于变形很微小，我们在研究构件的平衡问题时，就可采用构件变形前的原始尺寸进行计算。

### 二、变形固体的基本假设

为了使计算简便，在材料力学的研究中，对变形固体作了如下的基本假设：

（1）**均匀连续假设**　假设变形固体在其整个体积内毫无空隙地充满了物质，而且各点处材料的力学性能完全相同。

（2）**各向同性假设**　假设材料在各个方向具有相同的力学性能。

常用的工程材料如钢材、玻璃等都可认为是各向同性材料。如果材料沿各个方向具有不同的力学性能，则称为各向异性材料。

综上所述，材料力学的研究对象是由均匀连续、各向同性的变形固体材料制成的构件，且限于小变形范围。

## 第二节　杆件变形的基本形式

### 一、杆件

材料力学中的主要研究对象是**杆件**。所谓杆件，是指长度远大于其他两个方向尺寸的构件。构件的几何特点可由**横截面**和**轴线**来描述。横截面是与杆长方向垂直的截面，而轴线是各截面形心的连线(图5-1)。杆各截面相同、且轴线为直线的杆,成为**等截面直杆**。

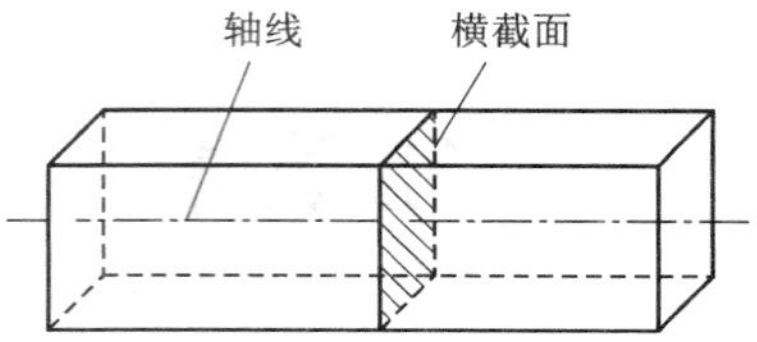

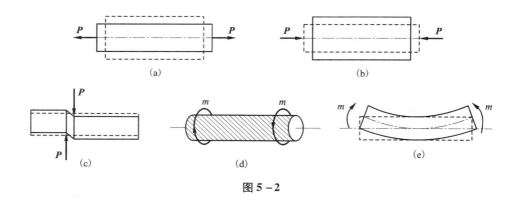

图5-1

## 二、杆件变形的基本形式

杆件在不同形式的外力作用下,将发生不同形式的变形。但杆件变形的基本形式有以下四种:

(1)**轴向拉伸和压缩**[图5-2(a)、图5-2(b)]。在一对大小相等、方向相反、作用线与杆轴线重合的外力作用下(虚线表示原杆件),杆件将发生长度的改变(伸长或缩短),图中实线为变形后的情况。

(2)**剪切**[图5-2(c)]。在一对距离很近、大小相等、方向相反的横向外力作用下,杆件的横截面将沿外力方向发生错动。

(3)**扭转**[图5-2(d)]。在一对大小相等、方向相反、位于垂直于杆轴线的两平面内的力偶作用下,杆的任意两横截面将绕轴线发生相对转动。

(4)**弯曲**[图5-2(e)]。在一对大小相等、方向相反、位于杆的纵向平面内的力偶作用下,杆件的轴线由直线弯成曲线。

图5-2

工程实际中的杆件,可能同时承受不同形式的外力而发生复杂的变形,但都可以看作是上述基本变形的组合。由两种或两种以上基本变形组成的复杂变形称为**组合变形**。

在以下几章中,将分别讨论上述各种基本变形和组合变形。

# 第三节　内力、截面法、应力

## 一、内力的概念

杆件在外力作用下产生变形,从而杆件内部各部分之间就产生相互作用力,这种由**外力引起的杆件内部之间的相互作用力**,称为**内力**。

## 二、截面法

研究杆件内力常用的方法是截面法。截面法是假想用一平面将杆件在需求内力的截面

（不一定是横截面）处截开，将杆件分为两部分[图 5 - 3(a)]；取其中一部分作为研究对象，此时，截面的内力被显示出来，变成研究对象的外力[图 5 - 3(b)]；再由平衡条件求出内力。

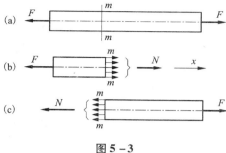

图 5 - 3

截面法可归纳为如下三个步骤：

（1）**截开**。用一假想平面将杆件在所求内力截面处截开，分成两部分；

（2）**代替**。取出其中一部分为研究对象，以内力代替弃掉部分对所取部分的作用，画出受力图；

（3）**平衡**。列出研究对象上的静力平衡方程，求解内力。

## 三、应力

由于杆件是由均匀连续材料制成，所以内力连续分布在整个截面上。由截面法求得的内力是截面上分布内力的合内力。只知道合内力，还不能判断杆件是否会因强度不足而破坏。例如图 5 - 4 所示两根材料相同而截面不同的受拉杆，在相同的外力 **F** 作用下，两杆横截面上的内力相同，但两杆的危险程度不同，显然细杆比粗杆危险，容易被拉断，因为细杆的内力分布密集程度比粗杆的大。因此，为了解决强度问题，还必须知道内力在横截面上分布的**密集程度**（简称**集度**）。

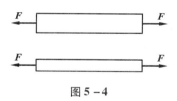

图 5 - 4

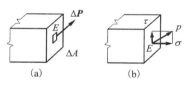

图 5 - 5

我们将内力在一点处的分布集度，称为应力。

为了分析图 5 - 5(a)所示截面上任意一点 $E$ 处的应力，围绕 $E$ 点取一微小面积 $\Delta A$，作用在微小面积 $\Delta A$ 上的合内力记为 $\Delta P$，则比值

$$p_m = \frac{\Delta P}{\Delta A}$$

称为 $\Delta A$ 上的平均应力。平均应力 $p_m$ 不能精确地表示 $E$ 点处的内力分布集度。当 $\Delta A$ 无限趋近于零时，平均应力 $p_m$ 的极限值 $p$ 才能表示该点处的内力集度，即

$$p = \lim_{\Delta A \to 0} \frac{\Delta P}{\Delta A} = \frac{dP}{dA}$$

上式中 $p$ 称为 $E$ 点处的应力。

一般情况下，应力 $p$ 的方向与截面既不垂直也不相切。通常将应力 $p$ 分解为与截面垂直的法向分量 $\sigma$ 和与截面相切的切向分量 $\tau$[图 5 - 5(b)]。垂直于截面的应力分量 $\sigma$ 称为正应力或法向应力；相切于截面的应力分量 $\tau$ 称为剪应力或切应力。

应力的单位为 Pa，常用单位是 MPa 或 GPa。

$$1 \ \text{Pa} = 1 \ \text{N/m}^2$$
$$1 \ \text{kPa} = 10^3 \ \text{N/m}^2$$
$$1 \ \text{MPa} = 10^6 \ \text{N/m}^2 = 1 \ \text{N/mm}^2$$
$$1 \ \text{GPa} = 10^9 \ \text{Pa}$$

工程图纸上，常用"mm"作为长度单位，则
$$1 \ \text{N/mm}^2 = 10^6 \ \text{N/m}^2 = 10^6 \ \text{Pa} = 1 \ \text{MPa}$$

## 第四节　变形和应变

杆件受外力作用后，其几何形状和尺寸一般都要发生改变，这种改变量称为**变形**。变形的大小是用**位移**和**应变**这两个量来度量。

位移是指位置改变量的大小，分为线位移和角位移。应变是指变形程度的大小，分为线应变和切(角)应变。

图 5 - 6(a)所示微小正六面体，棱边边长的改变量 $\Delta\mu$ 称为该棱边的线变形[图 5 - 6(b)]，$\Delta\mu$ 与 $\Delta x$ 的比值 $\varepsilon$ 称为**线应变**。线应变是无量纲的。

$$\varepsilon = \frac{\Delta\mu}{\Delta x}$$

上述微小正六面体的各边缩小为无穷小时，通常为**单元体**。单元体中相互垂直棱边夹角的改变量 $\gamma$[图 5 - 6(c)]，称为切应变或**角应变(剪应变)**。角应变用弧度来度量，它也是无量纲的。

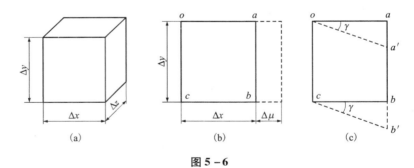

(a)　　　　　　　(b)　　　　　　　(c)

**图 5 - 6**

# 第六章　轴向拉伸和压缩

## 第一节　轴向拉伸和压缩时横截面上的内力

### 一、轴向拉伸和压缩的概念

在工程中，经常会遇到轴向拉伸或压缩的杆件，例如图 6-1 所示的桁架的竖杆、斜杆和上下弦杆，图 6-2 所示起重架的 1、2 杆和做材料试验用的万能试验机的立柱。作用在这些杆上外力的合力作用线与杆轴线重合。在这种受力情况下，杆所产生的变形主要是纵向伸长或缩短。产生轴向拉伸或压缩的杆件称为拉杆或压杆。

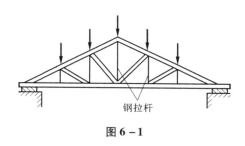

图 6-1

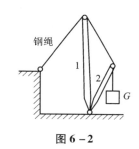

图 6-2

### 二、轴向拉压杆的内力——轴力

1. 轴向拉伸和压缩时杆件的内力——轴力

如图 6-3(a)所示为一等截面直杆受轴向外力作用，产生轴向拉伸变形。现用截面法分析 $m$—$m$ 截面上的内力。用假想的横截面将杆在 $m$—$m$ 截面处截开分为左、右两部分，取左部分为研究对象，如图 6-3(b)所示，左右两段杆在横截面上相互作用的内力是一个分布力系，其合力为 $N$。由于整个杆件是处于平衡状态，所以左段杆也应保持平衡，由平衡条件 $\sum X = 0$ 可知，$m$—$m$ 横截面上分布内力的合力 $N$ 必然是一个与杆轴相重合的内力，且 $N = F$，其指向背离截面。同理，若取右段为研究对象，如图 6-3(c)所示，可得出相同的结果。

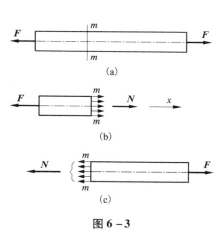

图 6-3

对于压杆，也可通过上述方法求得其任一横截面上的内力 $N$，但其指向为指向截面。

我们将作用线与杆件轴线相重合的内力，称为**轴力**，用符号 $N$ 表示。背离截面的轴力，称为**拉力**；而指向截面的轴力，称为**压力**。

2. 轴力的正负号规定

**轴向拉力为正，轴向压力为负**。在求轴力时，通常将轴力假设为拉力方向，这样由平衡条件求出结果的正负号，就可直接代表轴力本身的正负号。

轴力的单位为 N 或 kN。

3. 轴力图

当杆件受到多于两个轴向外力作用时，在杆件的不同横截面上轴力不尽相同。我们将**表明沿杆长各个横截面上轴力变化规律的图形**，称为**轴力图**。以平行于杆轴线的横坐标轴 $x$ 表示各横截面位置，以垂直于杆轴线的纵坐标 $N$ 表示各横截面上轴力的大小，将各截面上的轴力按一定比例画在坐标系中并连线，就得到轴力图。画轴力图时，将正的轴力画在轴线上方，负的轴力画在轴线下方。

**例 6 - 1**  一直杆受轴向外力作用如图 6 - 4(a)所示，试用截面法求各段杆的轴力。

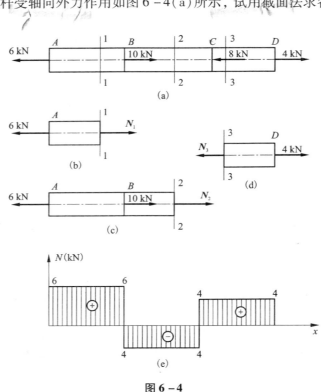

图 6 - 4

**解**  （1）用截面法求各段杆横截面上的轴力

*AB* 段  取 1 - 1 截面左部分杆件为研究对象，其受力如图 6 - 4(b)所示，由平衡条件

$$\sum X = 0 \quad N_1 - 6 = 0$$

得

$$N_1 = 6 \ (\text{kN}) \quad (\text{拉})$$

*BC* 段  取 2 - 2 截面左部分杆件为研究对象，其受力如图 6 - 4(c)所示，由平衡条件

$$\sum X = 0 \quad N_2 + 10 - 6 = 0$$

得
$$N_2 = -4 \; (\text{kN}) \quad (\text{压})$$

*CD* 段 取 3 - 3 截面右部分杆为研究对象，其受力如图 6 - 4(d)所示，由平衡条件

$$\sum X = 0 \quad 4 - N_3 = 0$$

得
$$N_3 = 4 \; (\text{kN}) \quad (\text{拉})$$

(2)画轴力图

根据上面求出各段杆轴力的大小及其正负号画出轴力图，如图 6 - 4(e)所示。

**例 6 - 2** 试画出图 6 - 5(a)所示阶梯柱的轴力图，已知 $F = 40 \text{ kN}$。

**解** (1)求各段柱的轴力

$$N_{AB} = -F = -40 \; (\text{kN}) \quad (\text{压})$$
$$N_{BC} = -3F = -120 \; (\text{kN}) \quad (\text{压})$$

(2)画轴力图

根据上面求出各段柱的轴力画出阶梯柱的轴力图，如图 6 - 5(b)所示。

值得注意的是：①在采用截面法之前，外力不能沿其作用线移动。因为将外力移动后就改变了杆件的变形性质，内力也就随之改变。②轴力图、受力图应与原图各截面对齐。当杆水平放置时，正值应画在与杆件轴线平行的横坐标轴的上方，而负值则画在下方，并必须标出正号或负号，如图 6 - 4 所示；当杆件竖直放置时正、负值可分别画在杆轴线两侧并标出正号或负号。轴力图上

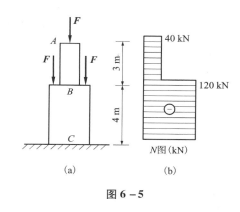

图 6 - 5

必须标明横截面的轴力值、图名及其单位，还应适当地画一些与杆件轴线垂直的直线(**每条短线代表短线处截面内力，不能画成斜线**)。当熟练后，可以不画各段杆的受力图，直接画出轴力图，横坐标轴 *x* 和纵坐标轴 *N* 也可以省略不画，如图 6 - 5(b)所示。

# 第二节 杆件在轴向拉伸和压缩时横截面上的应力

要解决轴向拉压杆的是否破坏的强度问题，不但要知道杆件的内力，还必须知道内力在截面上的分布规律。应力在横截面上的分布不能直接观察到，但内力与变形有关。因此要找出内力在截面上的分布规律，通常采用的方法是先做实验。根据由实验观察到的杆件在外力作用下的变形现象，做出一些假设，然后才能推导出应力计算公式。下面我们就用这种方法推导轴向拉压杆的应力计算公式。

取一根等直杆[图 6 - 6(a)]，为了便于通过实验观察轴向受拉杆所发生的变形现象，受力前在杆件表面均匀地画上若干与杆轴线平行的纵线及与轴线垂直的横线，使杆表面形成许多大小相同的方格。然后在杆的两端施加一对轴向拉力 *P*[图 6 - 6(b)]，可以观察到，所有的纵线仍保持为直线，各纵线都伸长了，但仍互相平行，小方格变成长方格。所有的横线仍保持为直线，且仍垂直于杆轴，只是相对距离增大了。

根据上述现象，可作如下假设：

（1）平面假设　若将各条横线看作是一个横截面，则杆件横截面在变形以后仍为平面且与杆轴线垂直，任意两个横截面只是作相对平移。

（2）若将各纵向线看作是杆件由许多纤维组成，根据平面假设，任意两横截面之间的所有纤维的伸长都相同，即杆件横截面上各点处的变形都相同。

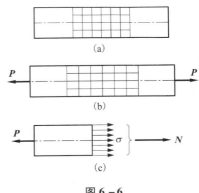

图 6 – 6

由于前面已假设材料是均匀连续的，而杆件的分布内力集度又与杆件的变形程度有关，因而，从上述均匀变形的推理可知，轴向拉杆横截面上的内力是均匀分布的，也就是横截面上各点的应力相等。由于拉压杆的轴力是垂直于横截面的，故与它相应的分布内力也必然垂直于横截面，由此可知，轴向拉杆横截面上只有正应力，而没有剪应力。据此可得结论：**轴向拉伸时，杆件横截面上各点处只产生正应力，且大小相等**［图 6 – 6（c）］，即：

$$\sigma = \frac{N}{A} \qquad (6-1)$$

式中：$N$ 为杆件横截面上的轴力；$A$ 为杆件的横截面面积。

当杆件受轴向压缩时，上式同样适用。由于前面已规定了轴力的正负号，由式（6 – 1）可知，正应力也随轴力 $N$ 而有正负之分，**即拉应力为正，压应力为负**。

**例 6 – 3**　图 6 – 7（a）所示的等直杆，当截面为 50 mm×50 mm 正方形时，试求杆中各段横截面上的应力。

**解**　杆的横截面面积

$$A = 50 \times 50 = 25 \times 10^2 \, (\text{mm}^2)$$

绘出杆的轴力图如图 6 – 7（b），由正应力计算公式 $\sigma = \frac{N}{A}$ 可得：

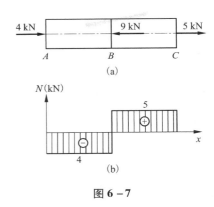

图 6 – 7

$AB$ 段内任一横截面上的应力：

$$\sigma_{AB} = \frac{N_1}{A} = \frac{-4 \times 10^3 \, \text{N}}{25 \times 10^2 \, \text{mm}^2} = -1.6 \, (\text{MPa})$$

$BC$ 段内任一横截面上的应力：

$$\sigma_{BC} = \frac{N_2}{A} = \frac{5 \times 10^3}{25 \times 10^2} = 2 \, (\text{MPa})$$

**例 6 – 4**　图 6 – 8（a）为铆钉连接主板的受力图。已知板宽 $b = 160$ mm，板厚 $t = 10$ mm，钉孔直径 $d = 20$ mm，荷载 $F = 160$ kN。铆钉对钉孔的作用用集中力 $F_1$ 表示，求主板的最大正应力。

**解**　（1）轴力图。坐标轴略去不画，以基线代替 $x$ 轴。在集中力作用点处分区段，逐段作图［图 6 – 8（b）］。

（2）最大正应力计算

由横截面正应力公式 $\sigma = N/A$ 分析，在 $N$ 相等的诸截面中，净面积 $A$ 小的横截面的正应力大。图 6-8(b)、6-8(a) 所示轴力相等的杆段中，过钉孔圆心的横截面的净面积最小，可见杆的 $\sigma_{max}$ 只能发生在 1—1、2—2 或 3—3 截面 [图 6-8(a)]；在面积相等的横截中，轴力大的截面正应力大，可见 1—1 截面的正应力比 3—3 截面的正应力大。杆的 $\sigma_{max}$ 只能发生在 1—1 或 2—2 截面；对于 $N$ 大，$A$ 也大和 $N$ 小，$A$ 也小的截面，须计算正应力比较其大小 [图 6-8(c)]：

1—1 截面

$$\sigma_{1-1} = \frac{N_1}{A_1} = \frac{N_1}{(b-d)t} = \frac{160 \times 10^3 \text{ N}}{(160-20) \text{ mm} \times 10 \text{ mm}}$$

$$= 114.3 \text{ MPa}$$

2—2 截面

$$\sigma_{2-2} = \frac{N_2}{A_2} = \frac{N_2}{(b-2d)t}$$

$$= \frac{120 \times 10^3 \text{ N}}{(160-2 \times 20) \text{ mm} \times 10 \text{ mm}}$$

$$= 100 \text{ MPa}$$

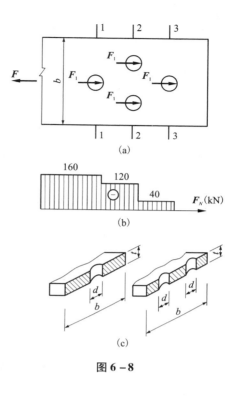

图 6-8

# 第三节　轴向拉(压)杆的变形·胡克定律

## 一、轴向拉(压)杆的变形

当杆件受到轴向力作用时，使杆件沿轴线方向产生伸长(或缩短)的变形，称为纵向变形；同时杆在垂直于轴线方向的横向尺寸将产生减小(或增大)的变形，称为横向变形。下面结合轴向受拉杆件的变形情况，介绍一些有关的基本概念。

1. 纵向变形

如图 6-9 所示，设有一原长为 $l$ 的杆件，受到一对轴向拉力 $P$ 的作用后，其长度为 $l_1$，则杆的纵向变形为：

$$\Delta l = l_1 - l$$

它只反映杆件的总变形量，而无法说明变

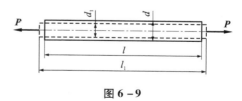

图 6-9

形程度。由于杆的各段是均匀伸长的，所以可用单位长度的变形量来反映杆件的变形程度。我们将**单位长度的纵向变形量称为纵向线应变**。用 $\varepsilon$ 表示，即：

$$\varepsilon = \frac{\Delta l}{l} \qquad\qquad (6-2)$$

## 2. 横向变形

设拉杆原横向尺寸为 $d$, 受力后缩小到 $d_1$ (图 6-9), 则其横向变形为:

$$\Delta d = d_1 - d$$

与之相应的横向线应变 $\varepsilon'$ 为:

$$\varepsilon' = \frac{\Delta d}{d} \qquad (6-3)$$

以上的一些概念同样适用于压杆。

显然, $\varepsilon$ 和 $\varepsilon'$ 都是无量纲的量, 其正负号分别与 $\Delta l$ 和 $\Delta d$ 的正负号一致。在拉伸时, $\varepsilon$ 为正, $\varepsilon'$ 为负; 在压缩时, $\varepsilon$ 为负, $\varepsilon'$ 为正。

## 二、横向变形系数或泊松比 $\mu$

实验结果表明, 当杆件应力不超过比例极限时, 横向线应变 $\varepsilon'$ 与纵向线应变 $\varepsilon$ 的绝对值之比为一常数, 此比值称为横向变形系数或泊松比, 用 $\mu$ 表示, 即:

$$\mu = \left| \frac{\varepsilon'}{\varepsilon} \right|$$

$\mu$ 为无量纲的量, 其数值随材料而异, 可通过试验测定。考虑到应变 $\varepsilon'$ 和 $\varepsilon$ 的正负号总是相反, 故有:

$$\varepsilon' = -\mu\varepsilon \qquad (6-4)$$

弹性模量 $E$ 和泊松比 $\mu$ 都是反映材料弹性性能的物理量。表 6-1 列出了几种材料的 $E$ 和 $\mu$ 值。

表 6-1　几种材料的 $E$、$\mu$ 值

| 材料名称 | $E(10^3 \text{ MPa})$ | $\mu$ | $G$ |
|---|---|---|---|
| 碳钢 | 196 ~ 206 | 0.24 ~ 0.28 | 78.5 ~ 79.4 |
| 合金钢 | 194 ~ 206 | 0.25 ~ 0.30 | 78.5 ~ 79.4 |
| 灰口铸铁 | 113 ~ 157 | 0.23 ~ 0.27 | 44.1 |
| 白口铸铁 | 113 ~ 157 | 0.23 ~ 0.27 | 44.1 |
| 纯铜 | 108 ~ 127 | 0.31 ~ 0.34 | 39.2 ~ 48.0 |
| 青铜 | 113 | 0.32 ~ 0.34 | 41.2 |
| 冷拔黄铜 | 88.2 ~ 97 | 0.32 ~ 0.42 | 34.4 ~ 36.3 |
| 硬铝合金 | 69.6 | — | 26.5 |
| 轧制铝 | 65.7 ~ 67.6 | 0.26 ~ 0.36 | 25.5 ~ 26.5 |
| 混凝土 | 15.2 ~ 35.8 | 0.16 ~ 0.18 | — |
| 橡胶 | 0.00785 | 0.461 | — |
| 木材(顺纹) | 9.8 ~ 11.8 | 0.539 | — |
| 木材(横纹) | 0.49 ~ 0.98 | — | — |

## 三、胡克定律

对于工程上常用的材料, 如低碳钢、合金钢等所制成的轴向拉(压)杆, 由实验证明: 当

杆的应力未超过某一极限时，纵向变形 $\Delta l$ 与外力 $P$、杆长 $l$ 及横截面面积 $A$ 之间存在如下比例关系：

$$\Delta l \propto \frac{Pl}{A}$$

引入比例常数 $E$，则有：

$$\Delta l = \frac{Pl}{EA}$$

实际上引起伸长的是内力 $N$，当杆只在两端受 $P$ 力时，杆段轴力 $N = P$。当杆段轴力不等于 $P$ 时，可将上式改写成：

$$\Delta l = \frac{N \cdot l}{EA} \qquad (6-5)$$

这一比例关系，是1678年首先由英国科学家胡克提出的，故称为胡克定律。式中比例常数称为弹性模量，从式（6-5）知，当其他条件相同时，材料的弹性模量越大，则变形越小，它表示材料抵抗弹性变形的能力。$E$ 的数值随材料而异，是通过试验测定的，其单位与应力单位相同。$EA$ 称为杆件的抗拉（压）刚度，对于长度相等，且受力相同的拉杆，其抗拉（压）刚度越大，则变形就越小。

将式（6-1）及式（6-2）代入式（6-5）可得：

$$\sigma = E \cdot \varepsilon \qquad (6-6)$$

式（6-6）是胡克定律的另一表达形式，它表明**当杆件应力不超过某一极限时，应力与应变成正比。**

上述的应力极限值，称为材料的比例极限，用 $\sigma_P$ 表示（详见下节）。

**例6-5** 为了测定钢材的弹性模量 $E$ 值，将钢材加工成直径 $d = 10$ mm 的试件，放在实验机上拉伸，当拉力 $P$ 达到15 kN时，测得纵向线应变 $\varepsilon = 0.00096$，求这一钢材的弹性模量。

**解** 当 $P$ 达到15 kN时，正应力为：

$$\sigma = \frac{P}{A} = \frac{15 \times 10^3}{\frac{1}{4} \times \pi \times 10^2} = 191.08 \text{（MPa）}$$

由胡克定律 $\sigma = E \cdot \varepsilon$ 得：

$$E = \frac{\sigma}{\varepsilon} = \frac{191.08}{0.00096} = 1.99 \times 10^5 \text{（MPa）} = 199 \text{（GPa）}$$

**例6-6** 图6-10为一方形截面砖柱，上段柱边长为240 mm，下段柱边长370 mm。荷载 $F = 40$ kN，不计自重，材料的弹性模量 $E = 0.03 \times 10^5$ MPa，试求砖柱顶面 $A$ 的位移。

**解** 绘出砖柱的轴力图，如图6-10(b)所示，设砖柱顶面 $A$ 下降的位移为 $\Delta l$，显然它的位移就等于全柱的总缩短量，由于上、下两段柱的截面面积及轴力都不相等，故应分别求出两段柱的变形，然后求其总和，即：

$$\Delta l = \Delta l_{AB} + \Delta l_{BC} = \frac{N_{AB} l_{AB}}{EA_{AB}} + \frac{N_{BC} l_{BC}}{EA_{BC}}$$

$$= \frac{(-40 \times 10^3) \times 3 \times 10^3}{0.03 \times 10^5 \times 240^2} + \frac{(-120 \times 10^3) \times 4 \times 10^3}{0.03 \times 10^5 \times 370^2}$$

$$= -1.86 \text{ mm（向下）}$$

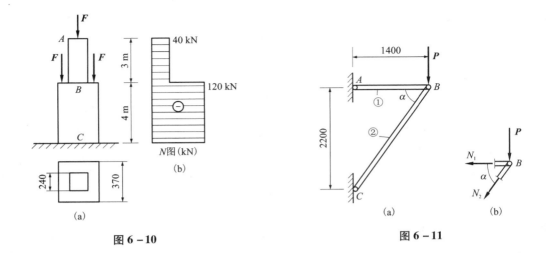

图 6-10                    图 6-11

**例 6-7**  计算图示 6-11（a）结构杆①及杆②的变形，已知杆①为钢杆，$A_1 = 8$ cm²，$E_1 = 200$ GPa；杆②为木杆，$A_2 = 400$ cm²，$E_2 = 12$ GPa，$P = 120$ kN。

**解**  （1）求各杆的轴力

取 B 结点为研究对象［图 6-11（b）］，列平衡方程得：

$$\sum Y = 0 \quad -P - N_2 \sin\alpha = 0 \tag{1}$$

$$\sum X = 0 \quad -N_1 - N_2 \cos\alpha = 0 \tag{2}$$

因 $\tan\alpha = \dfrac{2200}{1400} = 1.75$，故 $\alpha = 57.53°$

$$\sin\alpha = 0.843, \quad \cos\alpha = 0.537,$$

代入式（1）、（2）解得：

$$N_1 = 76.4 \text{（kN）（拉杆）} \quad N_2 = -142.3 \text{（kN）（压杆）}$$

（2）计算杆的变形

$$\Delta l_1 = \frac{N_1 l_1}{E_1 A_1} = \frac{76.4 \times 10^3 \times 1400}{200 \times 10^3 \times 8 \times 10^2} = 0.669 \text{（mm）}$$

$$\Delta l_2 = \frac{N_2 l_2}{E_2 A_2} = \frac{-142.3 \times 10^3 \times \dfrac{2200}{\sin\alpha}}{12 \times 10^3 \times 400 \times 10^2} = -0.774 \text{（mm）}$$

# 第四节　材料在拉伸和压缩时的力学性能

前面所讨论的拉（压）杆的计算中，曾涉及到材料在轴向拉（压）时的一些物理量，如弹性模量和比例极限等。材料在受力过程中所反映的各种物理性质的量称为材料的力学性能。它们都是通过材料试验来测定的。实验证明，材料的力学性能不仅与材料自身的性质有关，还与荷载的类别（静荷载、动荷载），温度条件（高温、常温、低温）等因素有关。本节只讨论材料在常温、静载下的力学性能。

工程中使用的材料种类很多，可根据试件在拉断时塑性变形的大小，区分为塑性材料和脆性材料。塑性材料在拉断时具有较大的塑性变形,如低碳钢、合金钢、铅、铝等;脆性材料在拉断时,塑性变形很小,如铸铁、砖、混凝土等。这两类材料的力学性能有明显的不同。在实验研究中,常把工程上用途较广泛的低碳钢和铸铁作为两类材料的典型代表来进行试验。

## 一、材料在拉伸时的力学性能

试件的尺寸和形状对试验结果有很大的影响,为了便于比较不同材料的试验结果,在做试验时,应该将材料做成国家金属试验标准中统一规定的标准试件,如图 6 – 12 所示。试件的中间部分较细,两端加粗,便于将试件安装在试验机的夹具中。在中间等直部分上标出一段作为工作段,用来测量变形,其长度称为标距 $l$。为了便于比较不同粗细试

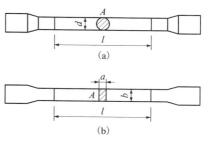

图 6 – 12

件工作段的变形程度,通常对圆截面标准试件的标距 $l$ 与横截面直径的比例加以规定:$l = 10d$ 和 $l = 5d$;矩形截面试件标距和截面面积 $A$ 之间的关系规定为:

$$l = 11.3 \sqrt{A} \text{ 和 } l = 5.65 \sqrt{A}$$

前者为长试件,后者为短试件。

1. 低碳钢的拉伸试验

(1)拉伸图、应力应变曲线

将低碳钢的标准试件夹在试验机上,然后开动试验机,缓慢加力,从零开始直至拉断为止。在试验过程中,注意观察出现的各种现象和记录,一系列拉力 $P$ 与试件标距对应伸长 $\Delta l$ 的数据。以拉力 $P$ 为纵坐标,$\Delta l$ 为横坐标,将 $P$ 与 $\Delta l$ 的关系按一定比例绘制成曲线,这条曲线就称为材料的拉伸图。如图 6 – 13 所示。一般试验机上均有自动绘图装置,试件拉伸过程中能自动绘出拉伸图。

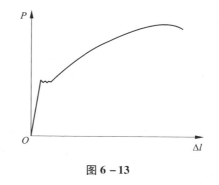

图 6 – 13

由于 $\Delta l$ 与试件的标距及横截面面积 $A$ 有关,因此,即使是同一种材料,当试件尺寸不同时,其拉伸图也不同。为了消除试件尺寸的影响,使实验结果反映材料的力学性能,常用拉伸图的纵坐标即 $P$ 除以试件横截面的原面积 $A$,用应力 $\sigma = \dfrac{P}{A}$ 表示;将其横坐标 $\Delta l$ 除以试件工

作段的原长 $l$,用线应变 $\varepsilon = \dfrac{\Delta l}{l}$ 表示。这样得到

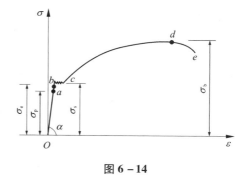

图 6 – 14

的一条应力 $\sigma$ 与应变 $\varepsilon$ 之间的关系曲线。此曲线称为应力 – 应变曲线($\sigma$ – $\varepsilon$ 图),如图 6 – 14 所示。

（2）拉伸过程的四个阶段

根据低碳钢应力-应变曲线特点，可以将低碳钢拉伸过程分为四个阶段。

1）弹性阶段（图6-14的 $Ob$ 段）

在试件的应力不超过 $b$ 点所对应的应力时，材料的变形全部是弹性的，即卸除荷载时，试件的变形可全部消失。与这段图线的最高点 $b$ 相对应的应力值称为材料的**弹性极限**，以 $\sigma_e$ 表示。

在弹性阶段，拉伸的初始阶段 $Oa$ 为直线，表明 $\sigma$ 与 $\varepsilon$ 成正比。$a$ 点对应的应力称为材料的**比例极限**，用 $\sigma_P$ 表示。常见的 Q235 低碳钢受拉时的比例极限 $\sigma_P$ 为 200 MPa。

根据胡克定律可知，图中直线 $Oa$ 与横坐标 $\varepsilon$ 的夹角 $\alpha$ 的正切就是材料的弹性模量，即

$$E = \frac{\sigma}{\varepsilon} = \tan\alpha \qquad (6-7)$$

弹性极限 $\sigma_e$ 与比例极限 $\sigma_P$ 二者意义不同，但由试验得出的数值很接近，因此，通常工程上对它们不加严格区分，常近似认为在弹性范围内材料服从胡克定律。

2）屈服阶段（图6-14中的 $bc$ 段）

当应力超过 $b$ 点对应的应力后，应变增加很快，应力仅在一个微小的范围内上下波动，在 $\sigma-\varepsilon$ 图上呈现出一段接近水平的"锯齿"形线段 $bc$。这种材料的应力几乎不增大，但应变迅速增加的现象称屈服（或**流动**）。$bc$ 段称为屈服阶段。在屈服阶段，$\sigma-\varepsilon$ 图中曲线有一段微小的波动，其最高点的应力值称为屈服高限，而最低点的应力值称为屈服低限。实验表明，很多因素对屈服高限的数值有影响，而屈服低限则较为稳定。因此，通常将屈服低限称为材料的**屈服极限**或**流动极限**，以 $\sigma_S$ 表示。常见的 Q235 低碳钢的屈服极限 $\sigma_S$ 为 235 MPa。

当材料到达屈服阶段时，如果试件表面光滑，则在试件表面上可以看到许多与试件轴线约成45°角的条纹，这种条纹就称为滑移线。这是由于在45°斜截面上存在最大剪应力，造成材料内部晶格之间发生相互滑移所致。一般认为，晶体的相对滑移是产生塑性变形的根本原因。

应力达到屈服时，材料出现了显著的塑性变形，使构件不能正常工作，故在构件设计时，一般应将构件的最大工作应力限制在屈服极限 $\sigma_S$ 以下，因此，屈服极限是衡量材料强度的一个重要指标。

3）强化阶段（图6-14的 $cd$ 段）

经过屈服阶段，材料又恢复了抵抗变形的能力，$\sigma-\varepsilon$ 图中曲线又继续上升，这表明若要使试件继续变形，就必须增加应力，这一阶段称为强化阶段。

由于试件在强化阶段中发生的变形主要是塑性变形，所以试件的变形量要比弹性阶段内大得多，在此阶段，可以明显地看到整个试件的横向尺寸在缩小。图6-14中曲线最高点所对应的应力称为强度极限，以 $\sigma_b$ 表示。强度极限是材料所能承受的最大应力，它是衡量材料强度的一个重要指标。低碳钢的强度极限约为 400 MPa。

4）颈缩阶段（图6-14中的 $de$ 段）

当应力达到强度极限后，可以看到在试件的某一局部段内，横截面出现显著的收缩现象，如图6-15所示，这一现象称为"颈缩"。由于颈缩处截面面积迅速减小，试件继续变形

**图 6-15**

所需的拉力 $P$ 反而下降，图6-14中的 $\sigma-\varepsilon$ 曲线开始下降，曲线出现 $de$ 段的形状，最后当

曲线到达 $e$ 点时，试件被拉断，这一阶段称为"颈缩"阶段。

对于低碳钢来说，屈服极限 $\sigma_s$ 和强度极限 $\sigma_b$ 是衡量材料强度的两个重要指标。

（3）塑性指标

试件断裂后，弹性变形消失了，塑性变形保留了下来。试件断裂后所遗留下来的塑性变形的大小，常用来衡量材料的塑性性能。塑性性能指标有延伸率和断面收缩率。

1）延伸率 $\delta$

图 6 – 16 所示试件的工作段在拉断后的长度 $l_1$（拉断后对接）与原长 $l$ 之差（即在试件拉断后其工作段总的塑性变形）与 $l$ 的比值，称为材料的延伸率。即：

$$\delta = \frac{l_1 - l}{l} \times 100\% \qquad (6-8)$$

延伸率是衡量材料塑性的一个重要指标，一般可按延伸率的大小将材料分为两类。将 $\delta \geqslant 5\%$ 的材料称为塑性材料，$\delta < 5\%$ 的材料称为脆性材料。低碳钢的延伸率约为 $20\% \sim 30\%$。

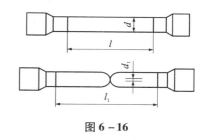

图 6 – 16

2）断面收缩率 $\psi$

试件断裂处的最小横截面面积用 $A_1$ 表示，原截面面积为 $A$，则比值：

$$\psi = \frac{A - A_1}{A} \times 100\% \qquad (6-9)$$

称为断面收缩率。低碳钢的收缩率约为 $60\%$ 左右。

（4）冷作硬化

在试验过程中，如加载到强化阶段某点 $f$ 时（图 6 – 17），将荷载逐渐减小到零，可以看到，卸载过程中应力与应变仍保持为直线关系，且卸载直线 $fO_1$ 与弹性阶段内的直线 $Oa$ 近乎平行。在图 6 – 17 所示 $\sigma - \varepsilon$ 的曲线中，$f$ 点的横坐标可以看成是 $OO_1$ 与 $O_1g$ 之和，其中 $OO_1$ 是塑性变形 $\varepsilon_s$，$O_1g$ 是弹性变形 $\varepsilon_e$。

如果在卸载后又立即重新加载，则应力 – 应变曲线将沿 $O_1f$ 上升，并且到达 $f$ 点后转向原曲线 $fde$。最后到达 $e$ 点。这表明，如果将材料预拉到强化阶

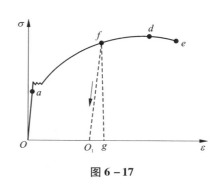

图 6 – 17

段，然后卸载，当再加载时，比例极限和屈服极限得到提高，但塑性变形减少。我们把材料的这种特性称为**冷作硬化**。

在工程上常利用钢筋的冷作硬化这一特性来提高钢筋的屈服极限。例如可以通过在常温下将钢筋预先拉长一定数值的方法来提高钢筋的屈服极限。这种方法称为冷拉。实践证明，按照规定来冷拉钢筋，一般可以节约钢材 $10\% \sim 20\%$。钢筋经过冷拉后，虽然强度有所提高，但减少了塑性，从而增加了脆性。这对于承受冲击和振动荷载是非常不利的。所以，在工程实际中，凡是承受冲击和振动荷载作用的结构部位及结构的重要部位，不应使用冷拉钢筋。另外，钢筋在冷拉后并不能提高抗压强度。

2. 其他材料拉伸时的力学性能

（1）其他塑性材料

其他金属材料的拉伸试验和低碳钢拉伸试验作法相同，图6-18分别给出了锰钢、硬铝、退火球墨铸铁、青铜和低碳钢的应力-应变曲线。从图中可见，前三种材料就不像低碳钢那样具有明显的屈服阶段，但这些材料的共同特点是延伸率$\delta$均较大，它们和低碳钢一样都属于塑性材料。

对于没有屈服阶段的塑性材料，通常用名义屈服极限作为衡量材料强度的指标。将对应于塑性应变为$\varepsilon_s = 0.2\%$时的应力定为名义屈服极限，并以$\varepsilon_{0.2}$表示如图6-19所示。图中$CD$直线与弹性阶段内的直线部分平行。

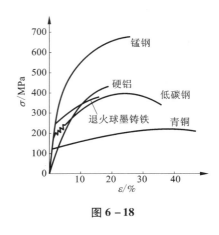

图 6-18

（2）脆性材料

工程上也常用脆性材料，如铸铁、玻璃钢、混凝土等。这些材料在拉伸时，一直到断裂，变形都不显著，而且没有屈服阶段和颈缩现象，只有断裂时的强度极限$\sigma_b$。图6-20所示是灰口铸铁和玻璃钢受拉伸时的$\sigma-\varepsilon$曲线。玻璃钢几乎到试件拉断时都是直线，即弹性阶段一直延续到接近断裂。灰口铸铁的$\sigma-\varepsilon$全部是曲线，没有显著的直线部分，但由于直到拉断时变形都非常小，因此，一般近似地将$\sigma-\varepsilon$曲线用一条割线来代替（如图6-20中虚线），从而确定其弹性模量，称之为割线弹性模量。并认为材料在这一范围内是符合胡克定律的。灰口铸铁通常以产生0.1%的总应变所对应的曲线的割线条件来表示材料的弹性模量。

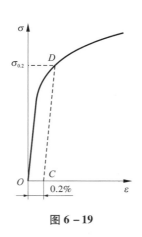

图 6-19

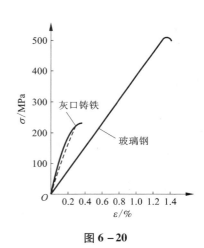

图 6-20

衡量脆性材料强度的唯一指标是强度极限$\sigma_b$。

## 二、材料在压缩时的力学性能

金属材料（如低碳钢、铸铁等）压缩试验的试件为圆柱形，高约为直径的1.5～3倍，高度不能太大，否则受压后容易发生弯曲变形；非金属材料（如混凝土、石料等）试件为立方块(图 6 - 21)。

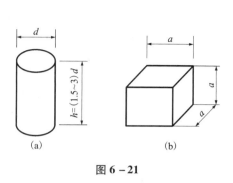

图 6 - 21

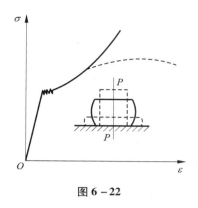

图 6 - 22

1. 塑性材料的压缩试验

如图 6 - 22 所示,图中虚线表示低碳钢拉伸时的 $\sigma - \varepsilon$ 曲线,实线为压缩时的 $\sigma - \varepsilon$ 曲线。比较两者,可以看出在屈服阶段以前,两曲线基本上是重合的。低碳钢的比例极限 $\sigma_p$,弹性模量 $E$,屈服极限 $\sigma_s$ 都与拉伸时相同。当应力超出比例极限后,试件出现显著的塑性变形,试件明显缩短,横截面增大,随着荷载的增加,试件越压越扁,但并不破坏,无法测出强度极限。因此,低碳钢压缩时的一些力学性能指标可通过拉伸试验测定,一般不须做压缩实验。

一般塑性材料都存在上述情况。但有些塑性材料压缩与拉伸时的屈服点的应力不同。如铬钢、硅合金钢,因此对这些材料还要测定其压缩时的屈服应力。

2. 脆性材料

如图 6 - 23 所示,图中虚线表示铸铁受拉时的曲线,实线表示受压缩时的 $\sigma - \varepsilon$ 曲线,由图可见,铸铁压缩时的强度极限约为受拉时的 2 ~ 4 倍,延伸率也比拉伸时大。

铸铁试件将沿与轴线成 45° 的斜截面上发生破坏,即在最大剪应力所在斜截面上破坏。说明铸铁的抗剪强度低于抗拉压强度。

其他脆性材料如混凝土、石料及非金属材料的抗压强度也远高于抗拉强度。

木材是各向异性材料,其力学性能具有方向性,顺纹方向的强度要比横纹方向高得多,而且其抗拉强度高于抗压强度,如图 6 - 24 为松木的 $\sigma - \varepsilon$ 曲线。

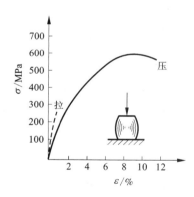

图 6 - 23

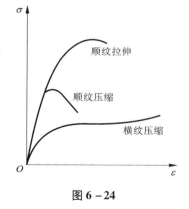

图 6 - 24

## 三、两类材料力学性能的比较

通过以上试验分析,塑性材料和脆性材料在力学性能上的主要差别是：

1. 强度方面

塑性材料拉伸和压缩时的弹性极限、屈服极限基本相同。脆性材料压缩时强度极限远比拉伸时大，因此，一般适用于受压构件。塑性材料在应力超过弹性极限后有屈服现象；而脆性材料没有屈服现象，破坏是突然的。

2. 变形方面

塑性材料的 $\delta$ 和 $\psi$ 值都比较大，构件破坏前有较大的塑性变形，材料的可塑性大，便于加工和安装时的矫正。脆性材料的 $\delta$ 和 $\psi$ 较小，难以加工，在安装时的矫正中易产生裂纹和损坏。

必须指出，上述关于塑性材料和脆性材料的概念是指常温、静载时的情况。实际上，材料是塑性的还是脆性的并非一成不变，它将随条件而变化。如加载速度、温度高低、受力状态都能使其发生变化。例如，低碳钢在低温时也会变得很脆。

# 第五节　轴向拉(压)杆的强度条件及其应用

## 一、材料的极限应力

任何一种材料制成的构件都存在一个能承受荷载的固有极限，这个固有极限称为极限应力，用 $\sigma^0$ 表示。当构件内的工作应力达到此值时，就会破坏。

通过材料的拉伸(或压缩)试验，可以找出材料在拉伸和压缩时的极限应力。对塑性材料，当应力达到屈服极限时，将出现显著的塑性变形，会影响构件的使用。对于脆性材料，破坏前变形很小，当构件达到强度极限时，会引起断裂，所以：

对塑性材料　　　　$\sigma^0 = \sigma_s$

对脆性材料　　　　$\sigma^0 = \sigma_b$

## 二、容许应力和安全系数

在理想情况下，为了保证构件能正常工作，必须使构件在工作时产生的工作应力不超过材料的极限应力。由于在实际设计时有许多因素无法预计，例如实际荷载有可能超出在计算中所采用的标准荷载，实际结构取用的计算简图往往会忽略一些次要因素，个别构件在经过加工后有可能比规格上的尺寸小，材料并不是绝对均匀的等等。这些因素都会造成构件偏于不安全的后果。此外，考虑到构件在使用过程中可能遇到的意外事故或其他不利的工作条件、构件的重要性等的影响。因此，在设计时，必须使构件有必要的安全储备。即构件中的最大工作应力不超过某一限值，将极限应力 $\sigma^0$ 缩小 $K$ 倍，作为衡量材料承载能力的依据，称为容许应力(或称为许用应力)，用 $[\sigma]$ 表示，即：

$$[\sigma] = \frac{\sigma^0}{K} \qquad (6-10)$$

式中：$K$ 为大于 1 的系数，称为**安全系数**。

安全系数 $K$ 的确定相当重要又比较复杂，如选用过大，设计的构件过于安全，用料增多；选用过小，安全储备减少，构件偏于危险。

在静载作用下,脆性材料破坏时没有明显变形的"预告",破坏是突然的,所以,所取的安全系数要比塑性材料大。一般工程中规定:

对于塑性材料

$$[\sigma] = \frac{\sigma_s}{K_s} \quad \text{或} \quad \frac{\sigma_{0.2}}{K_s}$$

$$K_s = 1.4 \sim 1.7$$

对于脆性材料

$$[\sigma] = \frac{\sigma_b}{K_b}$$

$$K_b = 2.5 \sim 3.0$$

常见材料的许用应力可见表6-2。

表6-2　常见材料的许用应力

| 材料名称 | 牌号 | 应力种类/MPa | | |
|---|---|---|---|---|
| | | $[\sigma]$ | $[\sigma_y]$ | $[\tau]$ |
| 普通碳钢 | Q215 | 137~152 | 137~152 | 84~93 |
| 普通碳钢 | Q235 | 152~167 | 152~167 | 93~98 |
| 优质碳钢 | 45 | 216~238 | 216~238 | 128~142 |
| 低碳合金钢 | 16Mn | 211~238 | 211~238 | 127~142 |
| 灰铸铁 | | 28~78 | 118~147 | — |
| 铜 | | 29~118 | 29~118 | — |
| 铝 | | 29~78 | 29~78 | — |
| 松木(顺纹) | | 6.9~9.8 | 8.8~12 | 0.98~1.27 |
| 混凝土 | | 0.098~2.50 | 0.98~40 | — |

注:1. $[\sigma]$为许用拉应力,$[\sigma_y]$为许用压应力,$[\tau]$为许用剪应力。2. 材料质量好,厚度或直径较小时取上限;材料质量较差,尺寸较大时取下限;其详细规定,可参阅有关设计规范或手册。

## 三、轴向拉(压)杆的强度条件和强度计算

由前面讨论可知,拉(压)杆的工作应力为$\sigma = \frac{N}{A}$,为了保证构件能安全正常的工作,则杆内最大的工作应力不得超过材料的许用应力。即:

$$\sigma_{max} = \frac{N}{A} \leqslant [\sigma] \qquad (6-11)$$

式(6-11)称为拉(压)杆的强度条件。

在轴向拉(压)杆中,产生最大正应力的截面称为危险截面。对于轴向拉压的等直杆,其轴力最大的截面就是危险截面。

应用强度条件式(6-11)可以解决轴向拉(压)杆强度计算的三类问题。

（1）**强度校核** 已知杆的材料、尺寸(已知$[\sigma]$和$A$)和所受的荷载(已知$N$)的情况下，可用式(6-11)检查和校核杆的强度，如：

$$\sigma_{max} = \frac{N}{A} \leqslant [\sigma]$$

表示杆件的强度是满足要求的，否则不满足强度条件。

根据既要保证安全又要节约材料的原则，构件的工作应力不应小于材料的许用应力$[\sigma]$太多，有时工作应力也允许稍微大于$[\sigma]$，但是规定以不超过容许应力的5%为限。

（2）**截面选择** 已知所受的荷载、构件的材料，则构件所需的横截面面积$A$，可用下式计算：

$$A \geqslant \frac{N}{[\sigma]}$$

（3）**确定许用荷载** 已知杆件的尺寸、材料，确定杆件能承受的最大轴力，并由此计算杆件能承受的许用荷载。

$$N \leqslant A[\sigma]$$

**例6-8** 一直杆受力情况如图6-25(a)所示。直杆的横截面面积$A = 10 \text{ cm}^2$，材料的许用应力$[\sigma] = 160$ MPa，试校核杆的强度。

**解** 首先绘出直杆的轴力图，如图6-25(b)所示。

由于是等直杆，产生最大内力的$CD$段的截面是危险截面，由强度条件得：

$$\sigma_{max} = \frac{N_{max}}{A} = \frac{150 \times 10^3}{10 \times 10^2} = 150 \text{ (MPa)} < [\sigma] = 160 \text{ (MPa)}$$

所以满足强度条件。

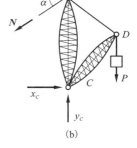

图6-25

**例6-9** 一起重装置如图6-26(a)所示，可通过拉$DBC$绳起吊重物。起重量$P = 35$ kN，固定用的绳索$AB$的许用应力$[\sigma] = 45$ MPa，试根据绳索$AB$的强度条件选择其直径$d$。

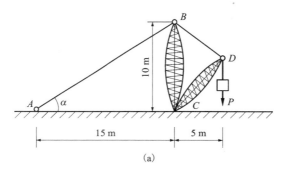

图6-26

**解** 先求绳索$AB$的轴力。

取$BCD$部分为研究对象，受力图如图6-26(b)所示，列平衡方程：

$$\sum M_C = 0$$

$$N\cos\alpha \times 10 - P \times 5 = 0$$

因为

$$AB = \sqrt{10^2 + 15^2} = 18.03$$

所以

$$\cos\alpha = \frac{15}{18.03} = 0.832$$

解得

$$N = 21.03 \ (\text{kN})$$

再由强度条件求出绳索的直径

$$\sigma = \frac{N}{A} = \frac{N}{\frac{1}{4} \times \pi d^2} \leqslant [\sigma]$$

$$d \geqslant \sqrt{\frac{4N}{\pi[\sigma]}} = \sqrt{\frac{4 \times 21.03 \times 10^3}{3.14 \times 45}} = 24 \ (\text{mm})$$

**例 6 – 10**　图示 6 – 27(a)的支架，①杆为直径 $d = 16$ mm 的钢圆截面杆，许用应力$[\sigma]_1$ = 160 MPa，②杆为边长 12 cm 的正方形截面杆，$[\sigma]_2 = 10$ MPa，在节点 $B$ 处挂一重物 $P$，求许用荷载$[P]$。

**解**　（1）计算杆的轴力。

取节点 $B$ 为研究对象[图 6 – 27(b)]，列平衡方程：

$$\sum X = 0 \quad -N_1 - N_2\cos\alpha = 0$$

$$\sum Y = 0 \quad -P - N_2\sin\alpha = 0$$

由几何关系得：$\tan\alpha = \dfrac{2}{1.5} = \dfrac{4}{3}$，则

$$\sin\alpha = \frac{4}{5},$$

$$\cos\alpha = \frac{3}{5}。$$

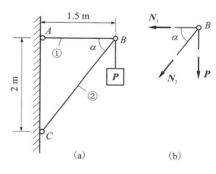

图 6 – 27

解方程得：

$$N_1 = 0.75P \ (\text{拉力})$$

$$N_2 = -1.25P \ (\text{压力})$$

（2）计算许用荷载

先根据①杆的强度条件计算①杆能承受的许用荷载$[P]$

$$\sigma_1 = \frac{N_1}{A_1} = \frac{0.75P}{A_1} \leqslant [\sigma]_1$$

所以

$$P \leqslant \frac{A_1[\sigma]_1}{0.75} = \frac{\frac{1}{4} \times 3.14 \times 16^2 \times 160}{0.75} = 4.29 \times 10^4 \ \text{N} = 42.9 \ (\text{kN})$$

再根据②杆的强度条件计算②杆能承受的许用荷载$[P]$

$$\sigma_2 = \frac{|N_2|}{A_2} = \frac{1.25P}{A_2} \leqslant [\sigma]_2$$

所以

$$P \leqslant \frac{A_2[\sigma]_2}{1.25} = \frac{120^2 \times 10}{1.25} = 11.52 \times 10^4 (\text{N}) = 115.2 \ (\text{kN})$$

比较两杆所得的许用荷载,取其中较小者,则支架的许用荷载为$[P] \leqslant 42.9$ kN。

# 第六节　应力集中的概念

## 一、应力集中的概念

等截面直杆受轴向拉伸和压缩时,横截面上的应力是均匀分布的。但是工程上由于实际的需要,常在一些构件上钻孔、开槽以及制成阶梯形等,以致截面的形状和尺寸发生了较大的改变。由实验和理论研究表明,构件在截面突变处应力并不是均匀分布的。例如图6-28(a)所示开有圆孔的直杆受到轴向拉伸时,在圆孔附近的局部区域内,应力的数值剧烈增加,而在稍远的地方,应力迅速降低而趋于均匀[图6-28(b)]。又如图6-29(a)所示具有浅槽的圆截面拉杆,在靠近槽边处应力很大,在开槽的横截面上,其应力分布如图6-29(b)所示。这种由于杆件外形的突然变化而引起局部应力急剧增大的现象,称为应力集中。

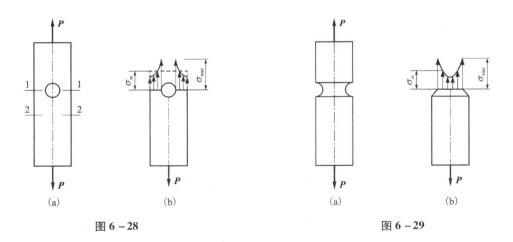

图6-28　　　　　　　　　　　　　　　图6-29

## 二、应力集中对构件强度的影响

应力集中对构件强度的影响随构件性能不同而异。当构件截面有突变时会在突变部分发生应力集中现象,截面应力呈不均匀分布[图6-30(a)]。继续增大外力时,塑性材料构件截面上的应力最高点首先到达屈服极限$\sigma_s$[图6-30(b)]。若再继续增加外力,该点的应力不会增大,只是应变增加,其他点处的应力继续提高,以保持内外力平衡。外力不断加大,截面上到达屈服极限的区域也逐渐扩大[图6-30(c)、(d)],直至整个截面上各点应力都达到屈服极限,构件才丧失工作能力。因此,对于用塑性材料制成的构件,尽管有应力集中,却并不显著降低它抵抗荷载的能力，所以在强度计算中可以不考虑应力集中的影响。脆性材料没有屈服阶段，当应力集中处的最大应力达到材料的强度极限时，将导致构件的突然断裂，大大降低了构件的承载能力。因此，必须考虑应力集中对其强度的影响。

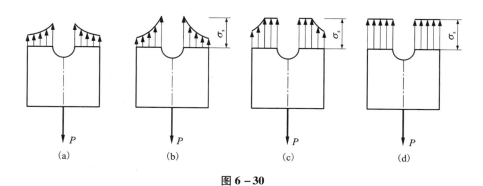

图 6 – 30

# 第七章　剪切与扭转

## 第一节　剪切与挤压的概念

### 一、剪切的概念

剪切变形是杆件的基本变形之一。它是指杆件受到一对垂直于杆轴方向的大小相等、方向相反、作用线相距很近的外力作用所引起的变形，如图 7 − 1(a)所示。此时，截面 *cd* 相对于 *ab* 将发生相对错动，即剪切变形。若变形过大，杆件将在两个外力作用面之间的某一截面 *m − m* 处被剪断，被剪断的截面称为剪切面，如图 7 − 1(b)所示。

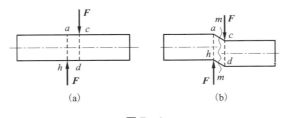

图 7 − 1

工程中有一些连接件，如铆钉连接中的铆钉[图 7 − 2(a)]及销轴连接中的销[图 7 − 2(b)]等都是以剪切变形为主的构件。

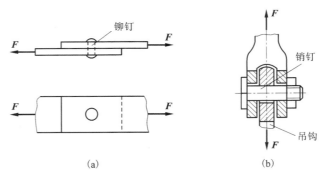

图 7 − 2

### 二、挤压的概念

构件在受剪切的同时，在两构件的接触面上，因互相压紧会产生局部受压，称为挤压。

如图 7 - 2 所示的铆钉连接中,作用在钢板上的拉力 $F$,通过钢板与铆钉的接触面传递给铆钉,接触面上就产生了挤压。两构件的接触面称为挤压面,作用于接触面的压力称挤压力,挤压面上的压应力称挤压应力,当挤压力过大时,孔壁边缘将受压起"皱"[图 7 - 3(a)],铆钉局部压"扁",使圆孔变成椭圆,连接松动[图 7 - 3(b)],这就是挤压破坏。因此,连接件除剪切强度需计算外,还要进行挤压强度计算。

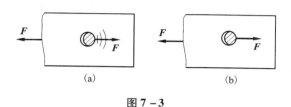

图 7 - 3

# 第二节　剪切与挤压的实用计算

## 一、剪切的实用计算

剪切面上的内力可用截面法求得。假想将铆钉沿剪切面截开分为上下两部分,任取其中一部分为研究对象[图 7 - 4(c)],由平衡条件可知,剪切面上的内力 $V$ 必然与外力方向相反,大小由 $\sum X = 0$,$F - V = 0$,得: $V = F$。

这种平行于截面的内力 $V$ 称为剪力。

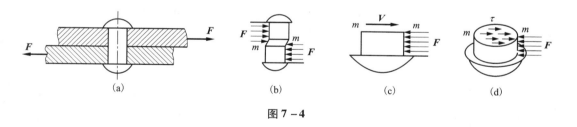

图 7 - 4

与剪力 $V$ 相应,在剪切面上有剪应力 $\tau$ 存在[图 7 - 4(d)]。剪应力在剪切面上的分布情况十分复杂,工程上通常采用一种以试验及经验为基础的实用计算方法来计算,假定剪切面上的剪应力 $\tau$ 是均匀分布的。因此:

$$\tau = \frac{V}{A} \tag{7 - 1}$$

式中: $A$ 为剪切面面积; $V$ 为剪切面上的剪力。

为保证构件不发生剪切破坏,就要求剪切面上的平均剪应力不超过材料的许用剪应力,即剪切时的强度条件为:

$$\tau = \frac{V}{A} \leqslant [\tau] \tag{7 - 2}$$

式中: $[\tau]$ 为许用剪应力,许用剪应力由剪切试验测定。

各种材料的许用剪应力可在有关手册中查得。

**例 7 - 1** 设两块钢板用一颗铆钉连接，铆钉的直径 $d = 20$ mm，每块钢板的厚度 $t = 12$ mm，受力 $P = 20$ kN，铆钉许用应力 $[\tau] = 80$ MPa，试校核其剪应力强度。

**解** （1）铆钉所受的剪力

$$V = P = 20 \text{（kN）}$$

（2）铆钉的剪切面积

$$A = \frac{\pi d^2}{4} = \frac{\pi \cdot 20^2}{4} = 314 \text{（mm}^2\text{）}$$

（3）校核强度

$$\tau = \frac{V}{A} = \frac{20 \times 10^3 \text{ N}}{314 \text{ mm}^2} = 63.7 \text{（MPa）} < [\tau]$$

经校核此连接剪切强度足够。

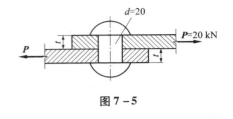

图 7 - 5

## 二、挤压的实用计算

挤压应力在挤压面上的分布也很复杂，如图 7 - 6(a)所示。因此也采用实用计算法，假定在挤压面上的挤压应力 $\sigma_c$ 是均匀分布的，因此：

$$\sigma_c = \frac{F_c}{A_c} \qquad (7-3)$$

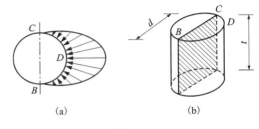

(a)          (b)

图 7 - 6

式中：$F_c$ 为挤压面上的挤压力；$A_c$ 为挤压面的计算面积。

当接触面为平面时，接触面的面积就是计算挤压面积，当接触面为半圆柱面时，取圆柱体的直径平面作为计算挤压面面积[图 7 - 6(b)]。这样计算所得的挤压应力和实际最大挤压应力值十分接近。由此可建立挤压强度条件：

$$\sigma_c = \frac{F_c}{A_c} \leqslant [\sigma_c] \qquad (7-4)$$

式中：$[\sigma_c]$ 为材料的许用挤压应力，由试验测得。许用挤压应力 $[\sigma_c]$ 比许用压应力 $[\sigma]$ 高，约为 1.7～2.0 倍，因为挤压时只在局部范围内引起塑性变形，周围没有发生塑性变形的材料将会阻止变形的扩展，从而提高了抗挤压的能力。

**例 7 - 2** 图 7 - 7(a)所示一铆钉连接件，受轴向拉力 $F$ 作用。已知：$F = 110$ kN，钢板厚 $\delta = 10$ mm，宽 $b = 90$ mm，铆钉直径 $d = 16$ mm，许用剪应力 $[\tau] = 140$ MPa，许用挤压应力 $[\sigma_c] = 320$ MPa，钢板许用拉应力 $[\sigma] = 160$ MPa。试校核该连接件的强度。

**解** 连接件存在三种破坏的可能：

①铆钉被剪断；

②铆钉或钢板发生挤压破坏；

③钢板由于钻孔，断面受到削弱，在削弱截面处被拉断。要使连接件安全可靠，必须同时满足以上三方面的强度条件。

（1）铆钉的剪切强度校核

连接件有 $n$ 个直径相同的铆钉时，且对称于外力作用线布置，则可设各铆钉所受的力相等，如图[7 - 7(b)]所示：

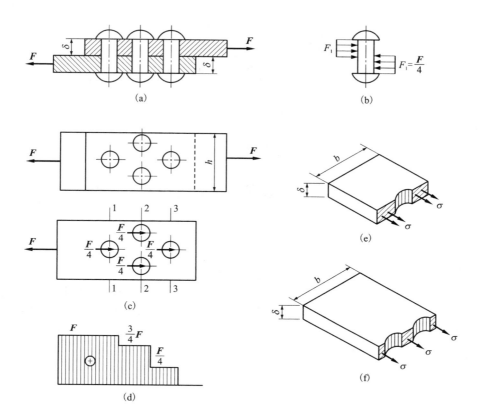

图 7 – 7

$$F_1 = \frac{F}{4} = \frac{110}{4} = 27.5 \ (kN)$$

剪切面上的剪力：$V = F_1$

$$\tau_{max} = \frac{V}{A} = \frac{F_1}{\frac{\pi d^2}{4}} = \frac{27.5 \times 10^3 \ N}{\frac{\pi \times 16^2 \ mm^2}{4}} = 136.8 \ (MPa) < [\tau] = 140 \ (MPa)$$

铆钉的剪切强度足够。

（2）铆钉的挤压强度校核

由式（7 – 4）得：

$$\sigma_{cmax} = \frac{F_c}{A_c} = \frac{F_1}{\delta d} = \frac{27.5 \times 10^3}{10 \times 16} = 171.9 \ (MPa) < [\sigma_c] = 320 \ (MPa)$$

钢板和铆钉的挤压强度足够。

（3）板的抗拉强度校核

两块钢板的尺寸相同，受力情况也相同，只须校核一块钢板。现取下面一块钢板为研究对象，画出其受力图［图 7 – 7（c）］和轴力图［图 7 – 7（d）］。危险截面可能是轴力相等的杆段中的 1 – 1、2 – 2、3 – 3 中削弱最厉害截面。由于 $A_1 = A_3$，$F_1 > F_3$，故 3 – 3 不是危险截面。而 $A_1 > A_2$，$F_1 > F_2$，则须比较 1 – 1、2 – 2 截面的应力，才能确定危险截面。

$$\sigma_{1-1} = \frac{N_1}{A_1} = \frac{N_1}{(b-d)\cdot\delta} = \frac{110\times10^3}{(90-16)\times10} = 148.6\ (\text{MPa})$$

$$\sigma_{2-2} = \frac{N_2}{A_2} = \frac{N_{21}}{(b-2d)\cdot\delta} = \frac{82.5\times10^3}{(90-2\times16)\times10} = 142.2\ (\text{MPa})$$

1-1 截面为危险截面

$$\sigma_{max} = 148.6\ (\text{MPa}) < [\sigma] = 160\ (\text{MPa})$$

钢板的抗拉伸强度足够。

经以上三方面的校核，该连接件满足强度要求。

# 第三节　圆轴扭转时的内力

## 一、扭转的概念

扭转是杆件的基本变形之一。在垂直于杆件轴线的两个平面内，作用一对大小相等、方向相反的力偶时，杆件就会产生扭转变形。扭转变形的特点是各横截面绕杆的轴线发生相对转动。我们将杆件任意两横截面之间相对转过的角度 $\varphi$ 称为扭转角，如图 7-8 所示。

工程中受扭的杆件是很多的，例如图 7-9(a)、(b) 所示。工程中将以扭转变形为主的杆件称为轴。这里只介绍圆轴扭转时的强度计算。

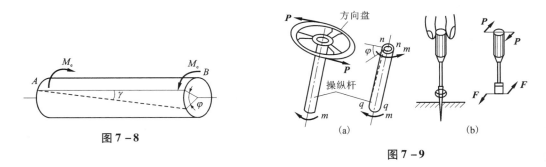

图 7-8　　　　　　　　　　　　图 7-9

## 二、圆轴扭转时的内力——扭矩

在对圆轴进行强度计算之前先要计算出圆轴横截面上的内力——扭矩。

1. 扭矩

图 7-10(a) 所示圆轴，在垂直于轴线的两个平面内，受一对外力偶矩 $M_e$ 作用，现求任一截面 $m-m$ 的内力。

求内力的基本方法仍是截面法，用一个假想横截面在轴的任意位置 $m-m$ 处将轴截开，取左段为研究对象，如图 7-11(b) 所示。由于左端

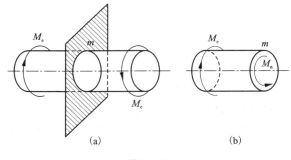

图 7-10

受一个外力偶 $M_e$ 作用，为了保持左段轴的平衡，左截面 $m-m$ 的平面内，必然存在一个与外力偶相平衡的内力偶，其内力偶矩 $M_n$ 称为扭矩，大小由 $\sum M_x = 0$，得 $M_n = M_e$。

如取 $m-m$ 截面右段轴为研究对象，也可得到同样的结果，但转向相反。

扭矩的单位与力矩相同，常用 N·m 或 kN·m。

2. 扭矩正负号规定

为了使由截面的左、右两段轴求得的扭矩具有相同的正负号，对扭矩的正、负作如下规定：采用右手螺旋法则，以右手四指表示扭矩的转向，当拇指的指向与截面外法线方向一致时，扭矩为正号；反之为负号。如图 7-11 所示。

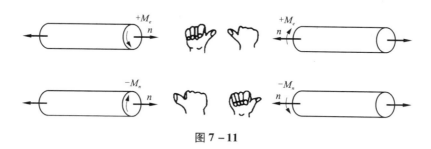

图 7-11

除轴的两端外，如果轴的其他地方还有外力偶矩作用，则轴上每一段的扭矩值将不尽相同，这时轴的扭矩应分段计算。与拉伸（压缩）问题中绘制轴力图相仿，可用图线来表示各横截面上扭矩沿轴线的变化情况。表示扭矩沿杆轴线的变化规律的图线，称为扭矩图。

作用在轴上的外力偶矩，一般可根据已知的外载荷由静力平衡方程确定。然而，工程中的传动轴，往往只给出轴所传递的功率和轴的转速。这时，需通过计算来确定外力偶矩。

若已知传动轴的转速为 $n$（r/min，转/分），所传递的功率为 $N$（kW，千瓦），则可得外力偶矩 $m$ 的计算公式为：

$$m = 9550 \frac{N}{n} \text{（N·m）} = 9.55 \frac{N}{n} \text{（kN·m）}$$

**例 7-3**　如图 7-12（a）所示圆轴直径为 $d = 40$ mm，轴上装有三个皮带轮，已知由轮 3 输入的功率 $N_3 = 30$ kW，轮 2 的输出功率 $N_2 = 17$ kW，轮 1 的输出功率 $N_1 = 13$ kW，轴的转速，$n = 200$ r/min，试绘扭矩图。

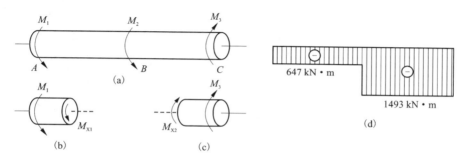

图 7-12

**解**

（1）计算外力偶矩

$$M_3 = 9550 \frac{N_3}{n} = 9550 \times \frac{30}{200} = 1493 \ (\text{N} \cdot \text{m})$$

$$M_2 = 9550 \frac{N_1}{n} = 9550 \times \frac{17}{200} = 846 \ (\text{N} \cdot \text{m})$$

$$M_1 = 9550 \frac{N_1}{n} = 9550 \times \frac{13}{200} = 647 \ (\text{N} \cdot \text{m})$$

（2）用截面法计算各段的扭矩（扭矩按正方向假设）。从受载荷情况知道，轴 $AB$、$BC$ 两段内各截面上的扭矩不相等。在 $AB$ 段内，假设用 $M_{n_1}$ 表示截面 1 – 1 上的扭矩如图 7 – 12（b），由平衡方程可得：

$$\sum M_x = 0, \ M_{n_1} + M_1 = 0$$
$$M_{n_1} = -M_1 = -647 \ (\text{N} \cdot \text{m})$$

同理在 $BC$ 段图 7 – 12（c），由平衡方程得：

$$M_{n_2} + M_3 = 0,$$
$$M_{n_2} = -M_3 = -1493 \ (\text{N} \cdot \text{m})$$

计算结果 $M_{n_1}$ 及 $M_{n_2}$ 为负值，表示假设的转向与实际扭向相反。

（3）作出扭矩图如图 7 – 12（d）所示。从图中看出，最大扭矩发生于 $BC$ 段。

## 第四节　圆轴扭转时的应力

由圆轴扭转变形得知，圆轴扭转时横截面上任意点只存在剪应力，其剪应力 $\tau$ 的大小与横截面上的扭矩 $M_n$ 及要求剪应力点到圆心的距离（半径）$\rho$ 成正比，剪应力的方向垂直于半径，其分布形式如图 7 – 13（d）所示。

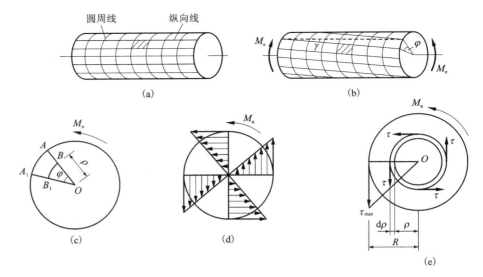

图 7 – 13

1. 根据圆截面上剪应力分布情况求剪应力 $\tau$ 的计算式

（1）设 $\tau_{max}$ 为已知，求 $\tau$ 表达式

$$\frac{\tau}{\tau_{max}} = \frac{\rho}{R}$$

$$\tau = \tau_{max}\frac{\rho}{R} \tag{7-5}$$

（2）计算圆环上的剪应力对圆心之矩

$$[2\pi\rho \cdot d\rho \cdot \tau] \cdot \rho = dM_n$$

$$2\pi\rho^2 \cdot \tau d\rho = dM_n \tag{7-6}$$

（3）由整个圆截面剪应力对圆心之矩求 $\tau_{max}$

$$\int_0^R 2\pi\tau\rho^2 d\rho = \int dM = M_n$$

$$\int_0^R 2\pi\tau_{max} \cdot \frac{\rho}{R} \cdot \rho^2 \cdot d\rho = M_n$$

$$2\pi\tau_{max}\frac{\rho^4}{4R}\bigg|_0^R = M_n$$

$$\tau_{max} = \frac{M_n}{\frac{\pi R^3}{2}} = \frac{M_n}{\pi\frac{d^3}{16}} \tag{7-7}$$

计算任一点处的剪应力

将式（7-7）代入式（7-5）

$$\tau = \tau_{max}\frac{\rho}{R} = \frac{M_n}{\frac{\pi d^3}{16}} \cdot \frac{\rho}{\frac{d}{2}} = \frac{M_n}{\frac{\pi d^4}{32}} \cdot \rho$$

令 $I_P = \frac{\pi d^4}{32}$

$$\tau = \frac{M_n \cdot \rho}{I_p} \tag{7-8}$$

式中：$I_p$ 为截面对形心的极惯性矩，它是一个与截面形状和尺寸有关的几何量，其定义为：

$$I_p = \int_A \rho^2 dA$$

实心圆轴截面的极惯性矩为：

$$I_p = \frac{\pi D^4}{32}$$

空心圆轴截面的极惯性矩为：

$$I_p = \frac{\pi(D^4 - d^4)}{32}$$

式中 $I_p$ 的常用单位为 $m^4$ 或 $mm^4$；$D$、$d$ 分别表示外径和内径。

从式（7-8）可以看出，在同一截面上剪应力沿半径方向呈直线变化，同一圆周上各点剪应力相等（图7-14）。

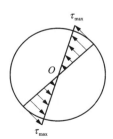

**图 7 - 14**

# 第五节　圆轴扭转时的强度计算

## 一、最大剪应力

由式(7-8)可知最大剪应力 $\tau_{max}$ 发生在最外圆周处，即在 $\rho_{max} = \dfrac{D}{2}$ 处。于是：

$$\tau_{max} = \frac{M_n \cdot \rho_{max}}{I_p}$$

令

$$W_p = \frac{I_p}{\rho_{max}} = \frac{I_p}{D/2}$$

则

$$\tau_{max} = \frac{M_n}{W_p} \qquad (7-9)$$

式中：$W_p$ 为抗扭截面系数，其单位为 $m^3$ 和 $mm^3$。

对于实心圆截面

$$W_p = \frac{I_p}{\rho_{max}} = \frac{\dfrac{\pi D^4}{32}}{\dfrac{D}{2}} = \frac{\pi D^3}{16}$$

对于空心圆截面

$$W_p = \frac{I_p}{R} = \frac{I_p}{D/2} = \frac{\pi D^3}{16}(1 - \alpha^4) \qquad （式中, \alpha = d/D）$$

## 二、圆轴扭转时的强度条件

为了保证轴的正常工作，轴内最大工作剪应力不应超过材料的许用剪应力 $[\tau]$。即

$$\tau_{max} = \frac{M_{max}}{W_p} \leq [\tau] \qquad (7-10)$$

式(7-10)为圆轴扭转时的强度条件。式中 $[\tau]$ 为材料扭转时许用剪应力，其确定方法是根据扭转实验测得的极限剪应力(屈服极限 $\tau_s$ 或强度极限 $\tau_b$)除以适当的安全系数确定。在静荷载作用下，材料的拉伸许用应力 $[\sigma]$ 和扭转时许用剪应力间有如下关系：

对塑性材料　$[\tau] = (0.5 \sim 0.6)[\sigma]$

对脆性材料　$[\tau] = (0.5 \sim 1.0)[\sigma]$

各种材料的许用剪应力可在有关手册中查到。

## 三、圆轴扭转时的强度计算

根据强度条件，可以对轴进行三方面计算，即强度校核、设计截面和确定许用荷载。

**例7-4**　图7-15所示一钢制圆轴，受一对外力偶的作用，其力偶矩 $M_e = 2.5$ kN·m，已知轴的直径 $D = 60$ mm，许用剪应力 $[\tau] = 80$ MPa。试对该轴进行强度校核。

**解**　(1)计算扭矩 $M_n$

$$M_n = M_e$$

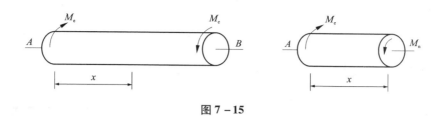

图 7 – 15

（2）校核强度

圆轴受扭时最大剪应力发生在横截面的边缘上，按式（7 – 10）计算，得：

$$\tau_{\max} = \frac{M_n}{W_p} = \frac{M_n}{\frac{\pi D^3}{16}} = \frac{2.5 \times 10^6 \times 16}{3.14 \times 60^3} = 59 \ (\text{MPa}) < [\tau] = 80 \ (\text{MPa})$$

故轴满足强度要求。

## 第六节 剪切胡克定律与剪应力互等定理

### 一、剪切胡克定律

杆件发生剪切变形时，杆内与外力平行的截面就会产生相对错动。在杆件受剪部位中的某点取一微小的正六面体（单元体），把它放大，如图 7 – 16 所示。剪切变形时，在剪应力 $\tau$ 作用下，截面发生相对滑动，致使正六面体变为斜平行六面体。原来的直角有了微小的变化，这个直角的改变量称为剪应变，用 $\gamma$ 表示，它的单位是弧度（rad）。

$\tau$ 与 $\gamma$ 的关系，如同 $\sigma$ 与 $\varepsilon$ 一样。实验证明：当剪应力 $\tau$ 不超过材料的比例极限 $\tau_b$ 时，剪应力与剪应变成正比，如图 7 – 17 所示，即：

$$\tau = G\gamma \tag{7 – 11}$$

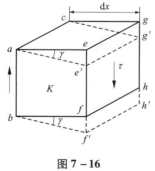

图 7 – 16

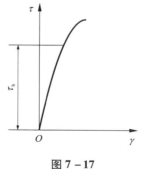

图 7 – 17

式（7 – 11）称为剪切胡克定律。式中 $G$ 称为材料的剪切模量，它是表示材料抵抗剪切变形能力的物理量，其单位与应力相同，常采用 GPa。各种材料的 $G$ 值均由实验测定。钢材的 $G$ 值约为 80 GPa。$G$ 值越大，表示材料抵抗剪切变形的能力越强，它是材料的弹性指标之一。

对于各向同性的材料，其弹性模量 $E$、剪切模量 $G$ 和泊松比 $\mu$ 三者之间的关系是：

$$G = \frac{E}{2(1+\mu)} \qquad\qquad (7-12)$$

## 二、剪应力互等定理

现在进一步研究单元体的受力情况。设单元体的边长分别为 $dx$、$dy$、$dz$，如图 7-18 所示。已知单元体左右两侧面上，无正应力，只有剪应力 $\tau$。这两个面上的剪应力数值相等，但方向相反。于是这两个面上的剪力组成一个力偶，其力偶矩为 $(\tau dz dy)$ $dx$。单元体的前、后两个面上无任何应力。因为单元体是平衡的，所以它的上、下两个面上必存在大小相等、方向相反的剪应力 $\tau'$，它们组成的力偶矩为 $(\tau' dz dx) dy$，应与左、右面上的力偶平衡，即：

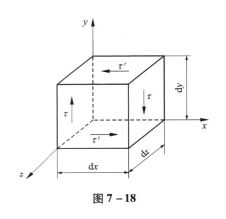

**图 7-18**

$$(\tau' dz dx) dy = (\tau dz dy) dx$$

由此可得：

$$\tau' = \tau \qquad\qquad (7-13)$$

上式表明，在过一点相互垂直的两个平面上，剪应力必然成对存在，且数值相等；方向垂直于这两个平面的交线，且同时指向或同时背离这一交线。这一规律称为剪应力互等定理。

上述单元体的两个侧面上只有剪应力，而无正应力，这种受力状态称为纯剪切应力状态。剪应力互等定理对于纯剪切应力状态或其他应力状态都是适用的。

# 第七节　矩形截面杆扭转时的剪应力

矩形截面杆扭转分为自由扭转和约束扭转。杆两端无约束，翘曲程度不受任何限制的情况，属于**自由扭转**，如图 7-19(a)、图 7-19(b) 所示。此时，杆各横截面的翘曲程度相同，纵向纤维长度无变化，横截面上只有剪应力，没有正应力。杆一端被约束，杆各横截面的翘曲程度不同，横截面上不但有剪应力，还有正应力，这属于**约束扭转**。

在建筑结构中，矩形截面受扭杆一般都处于约束扭转状态。但是，由于约束扭转所引起的正应力可忽略不计，所以可按自由扭转的情况进行计算。现将矩形截面杆在自由扭转时，通过研究得到的一些结论简述如下：

(1) 横截面上只存在剪应力，没有正应力。

(2) 截面周边上各点处的剪应力的方向与周边平行(相切)，并形成与截面上扭矩相同转向的剪应力流，如图 7-19(c) 所示，剪应力的大小均呈非线性变化，中点处的剪应力最大。

(3) 截面两条对称轴上各点处剪应力的方向都垂直于对称轴，其他线上各点的剪应力则是程度不同的倾斜。

(4) 截面中心和四个角点处的剪应力等于零。

(5) 横截面上的最大剪应力发生在长边的中点处，其计算式为

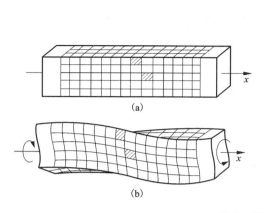

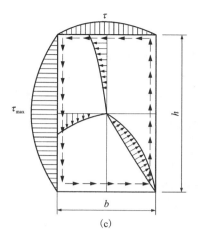

图 7 – 19

$$\tau_{\max} = \frac{M_n}{W_t} = \frac{M_n}{\beta h b^2} \qquad (7-14)$$

式中：$W_t$ 为相当抗扭截面模量；$h$ 为矩形截面长边的长度；$b$ 为矩形截面短边的长度；$M_n$ 为截面上的扭矩；$\beta$ 为与截面尺寸的比值 $h/b$ 有关的系数，可由表 7 – 1 查得。

　　短边中点处的剪应力也相当大，其计算式为

$$\tau = \gamma \tau_{\max} \qquad (7-15)$$

式中：$\gamma$ 为与截面尺寸的比值 $h/b$ 有关的系数，可由表 7 – 1 查得。

　　扭转角 $\theta$ 为

$$\theta = \frac{M_n}{G \cdot \alpha h b^3} \qquad (7-16)$$

式中：$\alpha$ 为与截面尺寸的比值 $h/b$ 有关的系数，可由表 7 – 1 查得；$G$ 为材料的剪切弹性模量。

表 7 – 1　矩形截面杆纯扭转时的系数 $\alpha$、$\beta$ 和 $\gamma$

| $h/b$ | 1.0 | 1.2 | 1.5 | 2.0 | 2.5 | 3.0 | 4.0 | 6.0 | 8.0 | 10 |
|---|---|---|---|---|---|---|---|---|---|---|
| $\alpha$ | 0.140 | 0.199 | 0.294 | 0.457 | 0.622 | 0.790 | 1.123 | 1.789 | 2.456 | 3.123 |
| $\beta$ | 0.208 | 0.263 | 0.346 | 0.493 | 0.645 | 0.801 | 1.150 | 1.789 | 2.456 | 3.123 |
| $\gamma$ | 1.000 | 0.930 | 0.858 | 0.796 | 0.767 | 0.753 | 0.745 | 0.743 | 0.743 | 0.743 |

# 第八章　平面图形的几何性质

在工程力学以及建筑结构的计算中，经常要用到与截面有关的一些几何量。例如轴向拉压的横截面面积 $A$、圆轴扭转时的抗扭截面系数 $W_p$ 和极惯性矩 $I_p$ 等都与构件的强度和刚度有关。以后在弯曲等其他问题的计算中，还将遇到平面图形的另外一些如形心、静矩、惯性矩、抗弯截面系数等几何量。这些与平面图形形状及尺寸有关的几何量统称为平面图形的几何性质。

## 第一节　重心和形心

### 一、重心的概念

地球上的任何物体都受到地球引力的作用，这个力称为物体的重力。可将物体看作是由许多微小部分组成，每一微小部分都受到地球引力的作用，这些引力汇交于地球中心。但是，由于一般物体的尺寸远比地球的半径小得多，因此，这些引力近似地看成是空间平行力系。这些平行力系的合力就是物体的重力。由实验可知，不论物体在空间的方位如何，物体重力的作用线始终是通过一个确定的点，这个点就是物体重力的作用点，称为物体的**重心**。

### 二、一般物体重心的坐标公式

1. 一般物体重心的坐标公式

如图 8 – 1 所示，为确定物体重心的位置，将它分割成 $n$ 个微小块，各微小块重力分别为 $G_1$、$G_2$、$\cdots$、$G_n$，其作用点的坐标分别为 $(x_1 、 y_1 、 z_1)$、$(x_2 、 y_2 、 z_2) \cdots (x_n 、 y_n 、 z_n)$，各微小块所受重力的合力 $W$ 即为整个物体所受的重力 $G = \sum G_i$，其作用点的坐标为 $C(x_c 、 y_c 、 z_c)$。对 $y$ 轴应用合力矩定理，有：

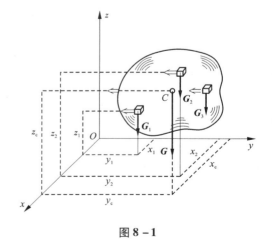

$$G \cdot x_c = \sum G_i x_i$$

得

$$x_c = \frac{\sum G_i x_i}{G}$$

图 8 – 1

同理，对 $x$ 轴取矩可得：

$$y_c = \frac{\sum G_i y_i}{G}$$

将物体连同坐标转 90° 而使坐标面 $Oxz$ 成为水平面，再对 $x$ 轴应用合力矩定理，可得：

$$z_c = \frac{\sum G_i z_i}{G}$$

因此，一般物体的重心坐标的公式为：

$$x_c = \frac{\sum G_i x_i}{G}, \quad y_c = \frac{\sum G_i y_i}{G}, \quad z_c = \frac{\sum G_i z_i}{G} \qquad (8-1)$$

**2. 均质物体重心的坐标公式**

对均质物体用 $\gamma$ 表示单位体积的重力，体积为 $V$，则物体的重力 $G = V \cdot \gamma$，微小体积为 $V_i$，微小体积重力 $G_i = V_i \cdot \gamma$，代入式（8-1），得均质物体的重心坐标公式为：

$$x_c = \frac{\sum V_i x_i}{V}, \quad y_c = \frac{\sum V_i y_i}{V}, \quad z_c = \frac{\sum V_i z_i}{V} \qquad (8-2)$$

由上式可知，**均质物体的重心就是其几何中心**，称为**形心**。对均质物体来说重心和形心是重合的。

**3. 均质薄板的重心（形心）坐标公式**

对于均质等厚的薄平板，如图 8-2 所示取对称面为坐标面 $Oyz$，用 $\delta$ 表示其厚度，$A_i$ 表示微体积的面积，将微体积 $V_i = \delta \cdot A_i$ 及 $V = \delta \cdot A$ 代入式（8-2），得重心（形心）坐标公式为：

$$y_c = \frac{\sum A_i y_i}{A}, \quad z_c = \frac{\sum A_i z_i}{A} \qquad (8-3)$$

因每一微小部分的 $x_i$ 为零，所以 $x_c = 0$。

**4. 平面图形的形心计算**

形心就是物体的几何中心。因此，当平面图形具有对称轴或对称中心时，则形心一定在对称轴或

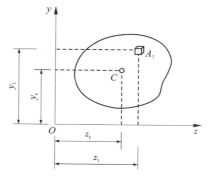

图 8-2

对称中心上。如图 8-3 所示。若平面图形是一个组合平面图形，则可先将其分割为若干个简单图形，然后可按式（8-3）求得其形心的坐标，这时公式中的 $A_i$ 为所分割的简单图形的面积，而 $z_i, y_i$ 为其相应的形心坐标，这种方法称为**分割法**。另外，有些组合图形，可以看成是从某个简单图形中挖去一个或几个简单图形而成，如果将挖去的面积用负面积表示，则仍可应用分割法求其形心坐标，这种方法又称为**负面积法**。

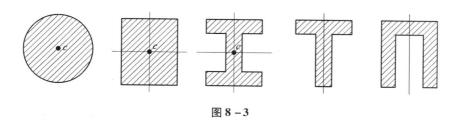

图 8-3

**例 8-1**　试求图 8-4 所示 T 形截面的形心坐标。

**解**　将平面图形分割为两个矩形，如图 8-4 所示，每个矩形的面积及形心坐标为：

$$A_1 = 200 \times 50 \quad z_1 = 0 \quad y_1 = 150$$

$$A_2 = 200 \times 50 \quad z_2 = 0 \quad y_2 = 25$$

由式(8-3)可求得 T 形截面的形心坐标为:

$$y_c = \frac{\sum A_i y_i}{A} = \frac{A_1 y_1 + A_2 y_2}{A_1 + A_2} = \frac{200 \times 50 \times 150 + 200 \times 50 \times 25}{200 \times 50 + 200 \times 50} = 87.5 \text{ (mm)}$$

$$z_c = 0$$

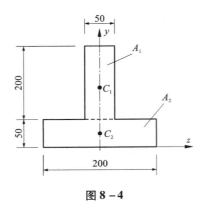

图 8-4

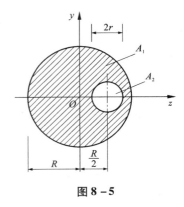

图 8-5

**例 8-2** 试求图 8-5 所示阴影部分平面图形的形心坐标。

**解** 将平面图形分割为两个圆,如图 8-5 所示,每个圆的面积及形心坐标为

$$A_1 = \pi \cdot R^2 \quad z_1 = 0 \quad y_1 = 0$$

$$A_2 = -\pi \cdot r^2 \quad z_2 = R/2 \quad y_2 = 0$$

由式(8-3)可求得阴影部分平面图形的形心坐标为:

$$y_c = 0$$

$$z_c = \frac{\sum A_i z_i}{A} = \frac{A_1 z_1 + A_2 z_2}{A_1 + A_2} = \frac{\pi \cdot R^2 \cdot 0 - \pi \cdot r^2 \cdot \dfrac{R}{2}}{\pi R^2 - \pi r^2} = \frac{-r^2 R}{2(R^2 - r^2)}$$

# 第二节　静　矩

## 一、定义

如图 8-6 所示,任意平面图形上所有微面积 $dA$ 与其坐标 $y$(或 $z$)乘积的总和,称为该平面图形对 $z$ 轴(或 $y$ 轴)的静矩,用 $S_z$(或 $S_y$)表示,即:

$$S_z = \int_A y dA$$

$$S_y = \int_A z dA \qquad (8-4)$$

由上式可知,静矩为代数量,它可为正,可为负,也可为零,常用单位为 $m^3$ 或 $mm^3$。

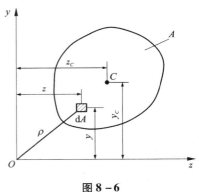

图 8-6

## 二、简单图形的静矩

图 8-7 所示简单平面图形的面积 $A$ 与其形心坐标 $y_c$（或 $z_c$）的乘积，称为简单图形对 $z$ 轴或 $y$ 轴的静矩，即：

$$S_z = A \cdot y_c$$
$$S_y = A \cdot z_c \qquad (8-5)$$

当坐标轴通过截面图形的形心时，其静矩为零；反之，截面图形对某轴的静矩为零，则该轴一定通过截面图形的形心。

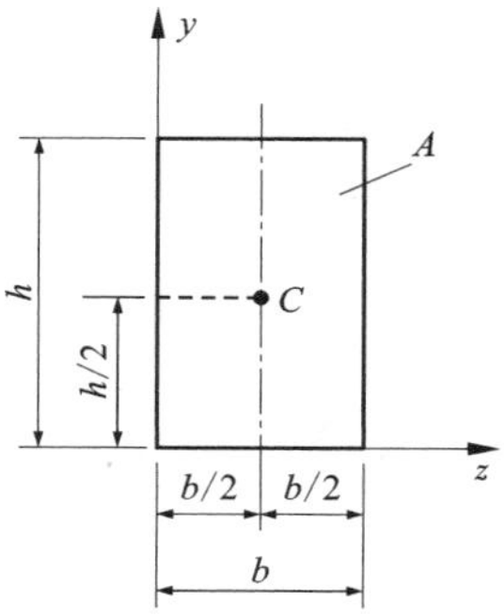

## 三、组合平面图形静矩的计算

$$S_z = \sum A_i \cdot y_{ci}$$
$$S_y = \sum A_i \cdot z_{ci} \qquad (8-6)$$

式中：$A_i$ 为各简单图形的面积；$y_{ci}$、$z_{ci}$ 为各简单图形的形心坐标。

式（8-6）表明：组合图形对某轴的静矩等于各简单图形对同一轴静矩的代数和。

**例 8-3**　计算图 8-8 所示 T 形截面对 $z$ 轴的静矩。

**解**　将 T 形截面分为两个矩形，其面积分别为：

$$A_1 = 50 \times 270 = 13.5 \times 10^3 \ (\text{mm}^2)$$
$$A_2 = 300 \times 30 = 9 \times 10^3 \ (\text{mm}^2)$$
$$y_{c1} = 165 \ (\text{mm}), \ y_{c2} = 15 \ (\text{mm})$$

截面对 $z$ 轴的静矩

$$\begin{aligned}
S_z &= \sum A_i \cdot y_{ci} = A_1 \cdot y_{c1} + A_2 \cdot y_{c2} \\
&= 13.5 \times 10^3 \times 165 + 9 \times 10^3 \times 15 \\
&= 2.36 \times 10^6 \ (\text{mm}^3)
\end{aligned}$$

图 8-7

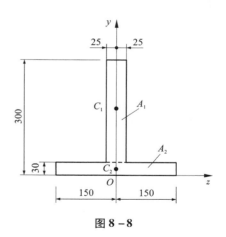

图 8-8

# 第三节　惯性矩、惯性积、惯性半径

## 一、惯性矩、惯性积、惯性半径的定义

### 1. 惯性矩

图 8-9 所示，任意平面图形上所有微面积 $dA$ 与其坐标 $y$（或 $z$）平方乘积的总和，称为该平面图形对 $z$ 轴（或 $y$ 轴）的惯性矩，用 $I_z$（或 $I_y$）表示，即：

$$I_z = \int_A y^2 \, dA$$
$$I_y = \int_A z^2 \, dA \qquad (8-7)$$

式（8-7）表明，惯性矩恒为正值。常用单位为 $\text{m}^4$ 或 $\text{mm}^4$。

## 2. 惯性积

如图 8 − 9 所示,**任意平面图形上所有微面积 d$A$ 与其坐标 $z$、$y$ 乘积的总和,称为该平面图形对 $z$、$y$ 两轴的惯性积**,用 $I_{zy}$ 表示,即:

$$I_{zy} = \int_A zy\,dA \qquad (8-8)$$

惯性积可为正,可为负,也可为零。常用单位为 $m^4$ 或 $mm^4$。可以证明,在两正交坐标轴中,只要 $z$、$y$ 轴之一为平面图形的对称轴,则平面图形对 $z$、$y$ 轴的惯性积就一定等于零。

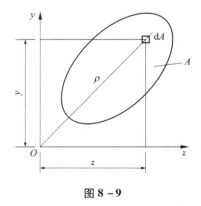

图 8 − 9

## 3. 惯性半径

在工程中为了计算方便,将图形的惯性矩表示为图形面积 $A$ 与某一长度平方的乘积,即:

$$I_z = i_z^2 A \quad i_z = \sqrt{\frac{I_z}{A}}$$

$$I_y = i_y^2 A \quad i_y = \sqrt{\frac{I_y}{A}} \qquad (8-9)$$

式中:$i_z$、$i_y$ 分别为平面图形对 $z$、$y$ 轴的惯性半径,常用单位为 m 或 mm。

## 4. 简单图形的惯性矩及惯性半径

(1)简单图形对形心轴的惯性矩[由式(8 − 7)积分可得]

矩形[图 8 − 10(a)]

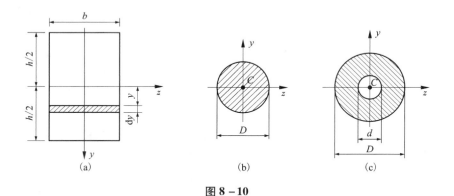

图 8 − 10

取 $dA = b\,dy$,则

$$I_z = \int_A y^2 dA = \int_{-\frac{h}{2}}^{\frac{h}{2}} y^2 b\,dy = \frac{bh^3}{12}$$

$$I_y = \frac{hb^3}{12}$$

圆形[图 8 − 10(b)] $\qquad I_z = I_y = \dfrac{\pi D^4}{64}$

环形[图 8-10(c)]
$$I_z = I_y = \frac{\pi(D^4 - d^4)}{64}$$

型钢的惯性矩可直接由型钢表查得，见附录。

（2）简单图形的惯性半径

矩形
$$i_z = \sqrt{\frac{I_z}{A}} = \sqrt{\frac{\frac{bh^3}{12}}{bh}} = \frac{h}{\sqrt{12}}$$

$$i_y = \sqrt{\frac{I_y}{A}} = \sqrt{\frac{\frac{h \cdot b^3}{12}}{b \cdot h}} = \frac{b}{\sqrt{12}}$$

圆形
$$i = \sqrt{\frac{\frac{\pi D^4}{64}}{\frac{\pi D^2}{4}}} = \frac{D}{4}$$

## 二、平行移轴公式

1. 惯性矩的平行移轴公式

同一平面图形对不同坐标轴的惯性矩是不相同的，但它们之间存在着一定的关系。现给出图 8-11 所示平面图形对两个互相平行的坐标轴的惯性矩之间的关系式（推导略）。

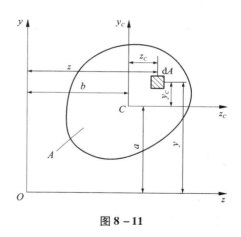

$$I_z = I_{zc} + a^2 A$$
$$I_y = I_{yc} + b^2 A \qquad (8-10)$$

式（8-10）称为惯性矩的平行移轴公式。它表明平面图形对任一轴的惯性矩，等于平面图形对与该轴平行的形心轴的惯性矩再加上其面积与两轴间距离平方的乘积。在所有平行轴中，平面图形对形心轴的惯性矩为最小。

图 8-11

2. 组合截面惯性矩的计算

组合图形对某轴的惯性矩，等于组成组合图形的各简单图形对同一轴的惯性矩之和。

**例 8-4**　计算图 8-12 所示 T 形截面对形心轴 z 轴的惯性矩 $I_{zc}$。

**解**　（1）求截面相对底边的形心坐标

$$y_c = \frac{\sum A_i y_{ci}}{\sum A_i} = \frac{30 \times 170 \times 85 + 200 \times 30 \times 185}{30 \times 170 + 200 \times 30} = 139 \text{（mm）}$$

（2）求截面对形心轴的惯性矩

$$I_{zc} = \sum (I_{zci} + a_i^2 A_i)$$

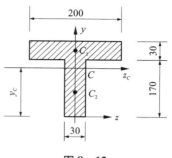

图 8-12

$$= \frac{30 \times 170^3}{12} + 30 \times 170 \times (139 - \frac{170}{2})^2 + \frac{200 \times 30^3}{12} + 200 \times 30 \times (170 + \frac{30}{2} - 139)^2$$

$$= 40.3 \times 10^6 (\text{mm}^4)$$

**例 8 – 5**  试计算图 8 – 13 所示由两根№20 槽钢组成的截面对形心轴 $z$、$y$ 的惯性矩。

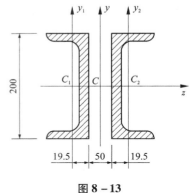

**图 8 – 13**

**解**  组合截面有两根对称轴，形心 $C$ 就在这两对称轴的交点。由型钢表查得各根槽钢的形心 $C_1$ 或 $C_2$ 到腹板边缘的距离为 19.5 mm，每根槽钢截面积为：

$$A_1 = A_2 = 3.283 \times 10^3 (\text{mm}^2)$$

每根槽钢对本身形心轴的惯性矩为：

$$I_{1z} = I_{2z} = 19.137 \times 10^6 (\text{mm}^4)$$

$$I_{1y_1} = I_{2y_2} = 1.44 \times 10^6 \text{ mm}^4$$

整个截面对形心轴的惯性矩应等于两根槽钢对形心轴的惯性矩之和，故得：

$$I_z = I_{1z} + I_{2z} = 19.137 \times 10^6 + 19.137 \times 10^6 = 38.3 \times 10^6 (\text{mm}^4)$$

$$I_y = I_{1y} + I_{2y} = 2I_{1y} = 2(I_{1y_1} + a^2 \cdot A)$$

$$= 2 \times \left[ 1.436 \times 10^6 + (19.5 + \frac{50}{2})^2 \times 3.283 \times 10^3 \right]$$

$$= 15.87 \times 10^6 (\text{mm}^4)$$

## 第四节　形心主惯性轴和形心主惯性矩的概念

若截面对某坐标轴的惯性积 $I_{z_0y_0} = 0$，则这对坐标轴 $z_0$、$y_0$ 称为截面的**主惯性轴**，简称**主轴**。截面对主轴的惯性矩称为主惯性矩，简称主惯矩。通过形心的主惯性轴称为**形心主惯性轴**，简称**形心主轴**。截面对形心主轴的惯性矩称为**形心主惯性矩**，简称为**形心主惯矩**。

凡通过截面形心，且包含有一根对称轴的一对相互垂直的坐标轴一定是形心主轴。

# 第九章 梁的弯曲

## 第一节 平面弯曲

### 一、平面弯曲

当杆件受到垂直于杆轴的外力作用或在纵向平面内受到力偶作用时(图9-1)，杆轴由直线弯成曲线，这种变形称为**弯曲**。以弯曲变形为主的杆件称为梁。

弯曲变形是工程中最常见的一种基本变形。例如房屋建筑中的楼面梁，受到楼面荷载和梁自重的作用，将发生弯曲变形，图9-2都是以弯曲变形为主的构件。

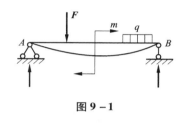

图9-1

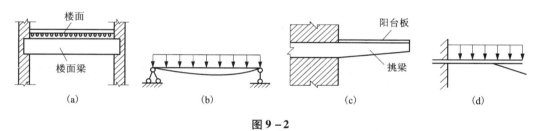

图9-2

工程中常见的梁，其横截面往往有一根对称轴，如图9-3所示，这根对称轴与梁轴所组成的平面，称为纵向对称平面(图9-4)。如果作用在梁上的外力(包括荷载和支座反力)和外力偶都位于纵向对称平面内，梁变形后，轴线将在此纵向对称平面内弯曲。**这种梁的弯曲平面与外力作用平面相重合的弯曲**，称为**平面弯曲**。平面弯曲是一种最简单，也是最常见的弯曲变形，本章将主要讨论等截面直梁的平面弯曲问题。

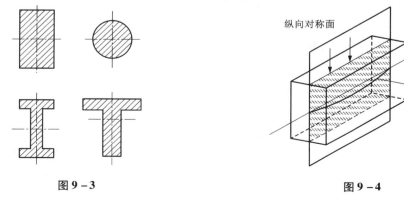

图9-3

图9-4

## 二、单跨静定梁的几种形式

工程中对于单跨静定梁按其支座情况分为下列三种形式:

(1)悬臂梁:梁的一端为固定端,另一端为自由端[图9-5(a)]。

(2)简支梁:梁的一端为固定铰支座,另一端为可动铰支座[图9-5(b)]。

(3)外伸梁:梁的一端或两端伸出支座的简支梁[图9-5(c)]。

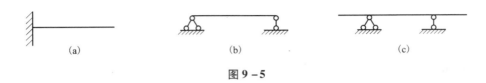

(a)        (b)        (c)

图 9-5

# 第二节　梁的弯曲内力——剪力和弯矩

为了计算梁的强度和刚度问题,在求得梁的支座反力后,就必须计算梁的内力。下面将着重讨论梁的内力的计算方法。

## 一、截面法求内力

### 1. 剪力和弯矩

图9-6(a)所示为一简支梁,荷载 $F$ 和支座反力 $R_A$、$R_B$ 是作用在梁的纵向对称平面内的平衡力系。现用截面法分析任一截面 $m-m$ 上的内力。假想将梁沿 $m-m$ 截面分为两段,现取左段为研究对象,从图9-6(b)可见,因有支座反力 $R_A$ 作用,为使左段满足 $\sum Y = 0$,截面 $m-m$ 上必然有与 $R_A$ 等值、平行且反向的内力 $V$ 存在,这个内力 $V$,称为**剪力**;同时,因 $R_A$ 对截面 $m-m$ 的形心 $O$ 点有一个力矩 $R_A a$ 的作用,为满足 $\sum M_C = 0$,截面 $m-m$ 上也必然有一个与力矩 $R_A a$ 大小相等且转向相反的内力偶矩 $M$ 存在,这个内力偶矩 $M$ 称为**弯矩**。由此可见,**梁发生弯曲时,横截面上同时存在着两个内力素,即剪力和弯矩。**

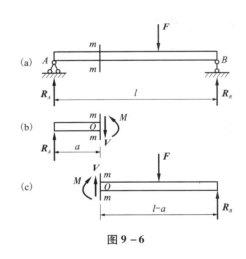

图 9-6

剪力的常用单位为 N 或 kN,弯矩的常用单位为 N·m 或 kN·m。

剪力和弯矩的大小,可由左段梁的静力平衡方程求得,即:

$$\sum Y = 0, \quad R_A - V = 0, \quad 得 \quad V = R_A$$

$$\sum M_0 = 0, \quad R_A \cdot a - M = 0, \quad 得 \quad M = R_A \cdot a$$

如果取右段梁作为研究对象,同样可求得截面 $m-m$ 上的 $V$ 和 $M$,根据作用与反作用力的关系,它们与从右段梁求出 $m-m$ 截面上的 $V$ 和 $M$ 大小相等,方向相反,如图9-6(c)所示。

**2. 剪力和弯矩的正、负号规定**

为了使从左、右两段梁求得同一截面上的剪力 $V$ 和弯矩 $M$ 具有相同的正负号，并考虑到土建工程上的习惯要求，对剪力和弯矩的正负号特作如下规定：

（1）剪力的正负号：使梁段有顺时针转动趋势的剪力为正［图 9-7（a）］；反之，为负［图 9-7（b）］。

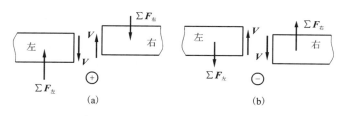

图 9-7

（2）弯矩的正负号：使梁段产生下凸变形或下侧受拉的弯矩为正［图 9-8（a）］；反之，为负［图 9-8（b）］。

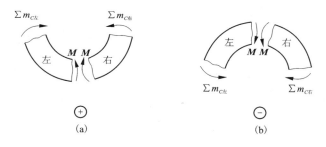

图 9-8

**3. 用截面法计算指定截面上的剪力和弯矩**

用截面法求指定截面上的剪力和弯矩的步骤如下：

（1）计算支座反力；

（2）用假想的截面在需求内力处将梁截成两段，取其中任一段为研究对象；

（3）画出研究对象的受力图（截面上的 $V$ 和 $M$ 都先假设为正的方向）；

（4）建立平衡方程，解出内力。

下面举例说明用截面法计算指定截面上的剪力和弯矩。

**例 9-1**　简支梁如图 9-9（a）所示。已知 $F_1 = 30$ kN，$F_2 = 30$ kN，试求截面 1-1 上的剪力和弯矩。

**解**　（1）求支座反力，考虑梁的整体平衡

$$\sum M_B = 0 \quad F_1 \times 5 + F_2 \times 2 - R_A \times 6 = 0$$

$$\sum M_A = 0 \quad -F_1 \times 1 - F_2 \times 4 + R_B \times 6 = 0$$

得　　　　　　　　$$R_A = 35 \text{ kN }(\uparrow), \ R_B = 25 \text{ kN}(\uparrow)$$

校核　　　　$$\sum Y = R_A + R_B - F_1 - F_2 = 35 + 25 - 30 - 30 = 0$$

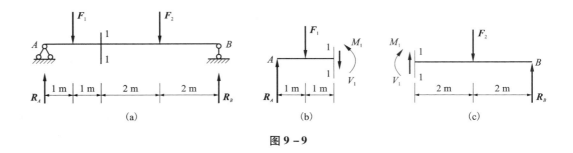

图 9-9

(2)求 1-1 截面上的内力

在截面 1-1 处将梁截开,取左段梁为研究对象,画出其受力,内力 $V_1$ 和 $M_1$ 均先假设为正的方向[图 9-9(b)],列平衡方程

$$\sum Y = 0 \quad R_A - F_1 - V_1 = 0$$
$$\sum M_1 = 0 \quad -R_A \times 2 + F_1 \times 1 + M_1 = 0$$

得
$$V_1 = R_A - F_1 = 35 - 30 = 5 \text{ (kN)}$$
$$M_1 = R_A \times 2 - F_1 \times 1 = 35 \times 2 - 30 \times 1 = 40 \text{ (kN·m)}$$

求得 $V_1$ 和 $M_1$ 均为正值,表示 1-1 截面上内力的实际方向与假定的方向相同;按内力的符号规定,剪力、弯矩都是正的。所以,画受力图时一定要先假设内力为正的方向,由平衡方程求得结果的正负号,就能直接代表内力本身的正负。

如取 1-1 截面右段梁为研究对象[图 9-9(c)],可得出同样的结果。

**例 9-2** 一悬臂梁,其尺寸及梁上荷载如图 9-10 所示,求 1-1 截面上的剪力和弯矩。

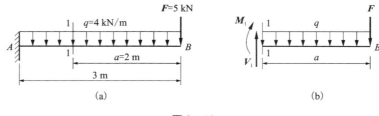

图 9-10

**解** 对于悬臂梁可取右段梁为研究对象,不需求支座反力,其受力图如图 9-10(b)所示。

$$\sum Y = 0 \quad V_1 - qa - F = 0$$

得
$$V_1 = qa + F = 4 \times 2 + 5 = 13 \text{ (kN)}$$

$$\sum M_1 = 0 \quad -M_1 - qa \cdot \frac{a}{2} - F \cdot a = 0$$

得
$$M_1 = -\frac{qa^2}{2} - Fa = -\frac{4 \times 2^2}{2} - 5 \times 2 = -18 \text{ (kN·m)}$$

求得 $V_1$ 为正值,表示 $V_1$ 的实际方向与假定的方向相同;$M_1$ 为负值,表示 $M_1$ 的实际方向与假定的方向相反。所以,按梁内力的符号规定,1-1 截面上的剪力为正,弯矩为负。

## 二、简易法求内力

通过上述例题，可以总结出直接根据外力计算梁内力的规律。

1. 剪力的规律

计算剪力是对截面左（或右）段梁建立投影方程，经过移项后可得

$$V = \sum Y_{左} \quad 或 \quad V = \sum Y_{右}$$

上两式说明：**梁内任一横截面上的剪力在数值上等于该截面一侧所有外力在垂直于轴线方向投影的代数和**。无论是取左段还是右段，外力对所求截面产生顺时针方向转动趋势时，引起的剪力刚好为正号［图 9 – 7（a）］；反之，为负号［图 9 – 7（b）］。由此得出规律可记为**"外力顺、剪力正"**。

2. 求弯矩的规律

计算弯矩是对截面左（或右）段梁建立力矩方程，经过移项后可得

$$M = \sum M_{C左} \quad 或 \quad M = \sum M_{C右}$$

上两式说明：**梁内任一横截面上的弯矩在数值上等于该截面一侧所有外力（包括力偶）对该截面形心力矩的代数和**。将所求截面固定，若外力矩使所考虑的梁段产生下凸弯曲变形时（即上部受压，下部受拉），等式右边取正号［图 9 – 8（a）］；反之，取负号［图 9 – 8（b）］。此规律可记为**"翘上去、正弯矩"**。

利用上述规律直接由外力求梁内力的方法称为简易法。用简易法求内力可以省去画受力图和列平衡方程，从而简化计算过程。现举例说明。

**例 9 – 3**　用简易法求图 9 – 11 所示简支梁 1 – 1 截面上的剪力和弯矩。

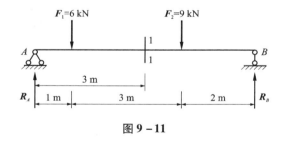

图 9 – 11

**解**　（1）求支座反力。由梁的整体平衡求得

$$R_A = 8 （kN）（↑），\quad R_B = 7 （kN）（↑）$$

（2）计算 1 – 1 截面上的内力

由 1 – 1 截面以左部分的外力来计算内力，

根据"外力顺、剪力正"和"翘上去、弯矩正"得

$$V_1 = R_A - F_1 = 8 - 6 = 2 （kN）$$

$$M_1 = R_A \times 3 - F_1 \times 2 = 8 \times 3 - 6 \times 2 = 12 （kN·m）$$

**例 9 – 4**　用简易法求图 9 – 12 所示悬臂梁 $C_左$ 和 $B_右$ 截面上的剪力和弯矩。

**解**　因是悬臂梁，分离体取左段，故可以不求支座反力。

$C_左$ 截面：$V_1 = 0$

$$M_1 = 10 = 10 \ (\text{kN} \cdot \text{m})$$
$B_右$ 截面：$V_2 = -2 \times 2 = -4 \ (\text{kN})$
$$M_2 = 10 - 2 \times 2 \times 1 = 6 \ (\text{kN} \cdot \text{m})$$

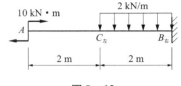

图 9-12

# 第三节　用内力方程法绘制剪力图和弯矩图

为了计算梁的强度和刚度问题，除了要计算指定截面的剪力和弯矩外，还必须知道剪力和弯矩沿梁轴线的变化规律，从而找到梁内剪力和弯矩的最大值以及它们所在的截面位置。

## 一、剪力方程和弯矩方程

从上节的讨论可以看出，梁内各截面上的剪力和弯矩一般是随截面的位置不同而变化的。若横截面的位置用沿梁轴线的坐标 $x$ 来表示，则各横截面上的剪力和弯矩都可以表示为坐标 $x$ 的函数，即

$$V = V(x), \ M = M(x)$$

以上两个函数式**表示梁内剪力和弯矩沿梁轴线的变化规律，分别称为剪力方程和弯矩方程**。

## 二、剪力图和弯矩图

为了形象地表示剪力和弯矩沿梁轴线的变化规律，可以根据剪力方程和弯矩方程分别绘制剪力图和弯矩图。以沿梁轴线的横坐标 $x$ 表示梁横截面的位置，以纵坐标表示相应横截面上的剪力或弯矩，在土建工程中，习惯上把**正剪力画在 $x$ 轴上方，负剪力画在 $x$ 轴下方；而把弯矩图画在梁受拉的一侧，即正弯矩画在 $x$ 轴下方，负弯矩画在 $x$ 轴上方**。如图 9-13 所示。

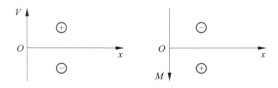

**图 9-13　画剪力图和弯矩图的规定**

**例 9-5**　悬臂梁受集中荷载作用如图 9-14(a)所示，试画出梁的剪力图和弯矩图。

**解**　(1)建立坐标系

将坐标原点放在自由端 $A$ 点，列方程时就不用到支座反力，所以不用求支反力。

(2)列剪力方程和弯矩方程

取距 $A$ 点为 $x$ 处的任意截面，将梁假想截开，考虑左段平衡，可得

$$V(x) = -P \ (0 < x < l) \tag{1}$$
$$M(x) = -Px \ (0 \leqslant x \leqslant l) \tag{2}$$

(3)画剪力图和弯矩图

由式(1)可见，$V(x)$ 与 $x$ 无关是一常量，剪力图是一条水平直线。

当 $x = 0$ 时，$V_A = -P$

　$x = l$ 时，$V_B = -P$

根据这两个截面的剪力值，画出剪力图，如图 9-14(b)所示。

由式(2)知，$M(x)$ 是 $x$ 的一次函数，说明弯矩图是一条直线，由于与 $x$ 有关，应至少计算二个截面的弯矩值，才可描绘出直线形状。

当 $x = 0$ 时，$M_A = 0$

　$x = l$ 时，$M_B = -Pl$

根据以上计算结果，画出弯矩图，如图 9-14(c)所示。

从剪力图和弯矩图中可知，受集中荷载作用的悬臂梁，其剪力图为水平直线，弯矩图为斜直线，最大弯矩发生在固定端，其绝对值为 $|M|_{max} = Pl$。

**结论：在集中荷载作用的梁段，剪力图为水平直线，弯矩图为一斜直线。固定端弯矩绝对值最大。**

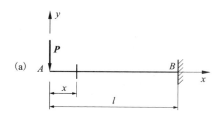
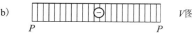

图 9-14

**例 9-6**　简支梁受均布荷载作用如图 9-15(a)所示，试画出梁的剪力图和弯矩图。

**解**　(1)求支座反力

简支梁无论是从左端取分离体还是从右端取，都要先知道支座反力，因对称关系，可得

$$R_A = R_B = \frac{1}{2}ql \ (\uparrow)$$

(2)列剪力方程和弯矩方程

取距 $A$ 点为 $x$ 处的任意截面，将梁假想截开，考虑左段平衡，可得

$$V(x) = R_A - qx = \frac{1}{2}ql - qx \ (0 < x < l) \tag{1}$$

$$M(x) = R_A x - \frac{1}{2}qx^2 = \frac{1}{2}qlx - \frac{1}{2}qx^2 \ (0 \leqslant x \leqslant l) \tag{2}$$

(3)画剪力图和弯矩图

由式(1)可见，$V(x)$ 是 $x$ 的一次函数，即剪力方程为一直线方程，剪力图是一条斜直线。

当 $x = 0$ 时，$V_A = \frac{ql}{2}$

　$x = l$ 时，$V_B = -\frac{ql}{2}$

根据这两个截面的剪力值，画出剪力图，如图 9-15(b)所示。

由式(2)知，$M(x)$ 是 $x$ 的二次函数，说明弯矩图是一条二次抛物线，应至少计算三个截面的弯矩值，才可描绘出曲线的大致形状。

当 $x = 0$ 时，$M_A = 0$

　$x = \frac{l}{2}$ 时，$M_C = \frac{ql^2}{8}$

　$x = l$ 时，$M_B = 0$

根据以上计算结果，画出弯矩图，如图 9 – 15(c)所示。

从剪力图和弯矩图中可知，受均布荷载作用的简支梁，其剪力图为斜直线，弯矩图为二次抛物线；最大剪力发生在两端支座处，绝对值为 $|V|_{max} = \frac{1}{2}ql$；而最大弯矩发生在剪力为零的跨中截面上，其绝对值为 $|M|_{max} = \frac{1}{8}ql^2$。

结论：均布荷载作用的梁段，剪力图为斜直线，弯矩图为二次抛物线。在剪力等于零的截面上弯矩有极值。

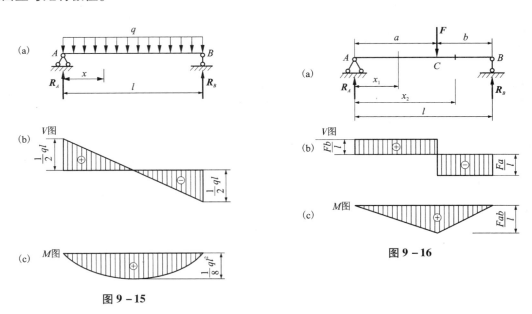

图 9 – 15

图 9 – 16

例 9 – 7 简支梁受集中力作用如图 9 – 16(a)所示，试画出梁的剪力图和弯矩图。

解 （1）求支座反力

由梁的整体平衡条件

$$\sum M_B = 0, \quad R_A = \frac{Fb}{l}(\uparrow)$$

$$\sum M_A = 0, \quad R_B = \frac{Fa}{l}(\uparrow)$$

校核： $$\sum Y = R_A + R_B - F = \frac{Fb}{l} + \frac{Fa}{l} - F = 0$$

计算无误。

（2）列剪力方程和弯矩方程

梁在 $C$ 处有集中力作用，故 $AC$ 段和 $CB$ 段的剪力方程和弯矩方程不相同，要分段列出。

$AC$ 段：距 $A$ 端为 $x_1$ 的任意截面处将梁假想截开，并考虑左段梁平衡，列出剪力方程和弯矩方程为

$$V(x_1) = R_A = \frac{Fb}{l} \quad (0 < x_1 < a) \tag{1}$$

$$M(x_1) = R_A x_1 = \frac{Fb}{l} x_1 \, (0 \leqslant x_1 \leqslant a) \tag{2}$$

$CB$ 段：距 $A$ 端为 $x_2$ 的任意截面处假想截开，并考虑左段的平衡，列出剪力方程和弯矩方程为

$$V(x_2) = R_A - F = \frac{Fb}{l} - F = -\frac{Fa}{l} \, (a < x_2 < l) \tag{3}$$

$$M(x_2) = R_A x_2 - F(x_2 - a) = \frac{Fa}{l}(l - x_2) \, (a \leqslant x_2 \leqslant l) \tag{4}$$

（3）画剪力图和弯矩图

根据剪力方程和弯矩方程画剪力图和弯矩图。

$V$ 图：$AC$ 段剪力方程 $V(x_1)$ 为常数，其剪力值为 $\frac{Fb}{l}$，剪力图是一条平行于 $x$ 轴的直线，且在 $x$ 轴上方。

$CB$ 段剪力方程 $V(x_2)$ 也为常数，其剪力值为 $-\frac{Fa}{l}$，剪力图也是一条平行于 $x$ 轴的直线，但在 $x$ 轴下方。画出全梁的剪力图，如图 9 - 16(b) 所示。

$M$ 图：$AC$ 段弯矩方程 $M(x_1)$ 是 $x_1$ 的一次函数，弯矩图是一条斜直线，只要计算两个截面的弯矩值，就可以画出弯矩图。

当 $x_1 = 0$ 时，$M_A = 0$

$x_1 = a$ 时，$M_C = \frac{Fab}{l}$

根据计算结果，可画出 $AC$ 段弯矩图。

$CB$ 段弯矩方程 $M(x_2)$ 也是 $x_2$ 的一次函数，弯矩图仍是一条斜直线。

当 $x_2 = a$ 时，$M_C = \frac{Fab}{l}$

$x_2 = l$ 时，$M_B = 0$

由上面两个弯矩值，画出 $CB$ 段弯矩图。整梁的弯矩图如图 9 - 16(c) 所示。

从剪力图和弯矩图中可见，简支梁受集中荷载作用，当 $a > b$ 时，$|V|_{max} = \frac{Fa}{l}$，发生在 $BC$ 段的任意截面上；$|M|_{max} = \frac{Fab}{l}$，发生在集中力作用处的截面上。若集中力作用在梁的跨中，则最大弯矩发生在梁的跨中截面上，其值为：$M_{max} = \frac{Fl}{4}$。

**结论**：在无荷载梁段剪力图为平行线，弯矩图为斜直线。在集中力作用处，左右截面上的剪力发生突变，其突变值等于该集中力的大小，从左至右突变方向与该集中力的方向一致；而弯矩图出现转折，即出现尖点，尖点方向与该集中力方向一致。

**例 9 - 8**　如图 9 - 17(a) 所示简支梁受集中力偶作用，试画出梁的剪力图和弯矩图。

**解**　（1）求支座反力

由整梁平衡

得：

$$\sum M_B = 0, \ R_A = \frac{m}{l} \ (\uparrow)$$

$$\sum M_A = 0, \ R_B = -\frac{m}{l} \ (\downarrow)$$

校核：$\quad \sum Y = R_A + R_B = \frac{m}{l} - \frac{m}{l} = 0$

计算无误。

（2）列剪力方程和弯矩方程

在梁的 $C$ 截面处有集中力偶 $m$ 作用，分两段列出剪力方程和弯矩方程。

$AC$ 段：距 $A$ 端为 $x_1$ 的截面处假想将梁截开，考虑左段梁平衡，列出剪力方程和弯矩方程为

$$V(x_1) = R_A = \frac{m}{l} \ (0 < x_1 \leq a) \tag{1}$$

$$M(x_1) = R_A x_1 = \frac{m}{l} x_1 (0 \leq x_1 < a) \tag{2}$$

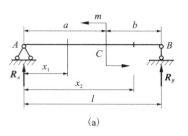

(a)

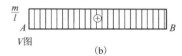

(b)

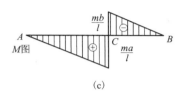

(c)

图 9 – 17

$CB$ 段：在 $A$ 端为 $x_2$ 的截面处假想将梁截开，考虑左段梁平衡，列出剪力方程和弯矩方程为

$$V(x_2) = R_A = \frac{m}{l} \ (a \leq x_2 < l) \tag{3}$$

$$M(x_2) = R_A x_2 - m = -\frac{m}{l}(l - x_2) \ (a < x_2 \leq l) \tag{4}$$

（3）画剪力图和弯矩图

$V$ 图：由式（1）、（3）可知，梁在 $AC$ 段和 $CB$ 段剪力都是常数，其值为 $\frac{m}{l}$，故剪力是一条在 $x$ 轴上方且平行于 $x$ 轴的直线。画出剪力图如图 9 – 17（b）所示。

$M$ 图：由式（2）、（4）可知，梁在 $AC$ 段和 $CB$ 段内弯矩方程都是 $x$ 的一次函数，故弯矩图是两段斜直线。

$AC$ 段：

当 $x_1 = 0$ 时，$M_A = 0$

$\quad x_1 = a$ 时，$M_C = \frac{ma}{l}$

$CB$ 段：

当 $x_2 = a$ 时，$M_2 = -\frac{mb}{l}$

当 $x_2 = l$ 时，$M_B = 0$

画出弯矩图如图 9 – 17（c）所示。

由内力图可见，简支梁只受一个力偶作用时，剪力图为一条平行线，而弯矩图是两段平行的斜直线，在集中力偶处左右截面上的弯矩发生了突变。

**结论：梁在集中力偶作用处，左右截面上的剪力无变化，而弯矩出现突变，其突变值等于该集中力偶矩。**

## 第四节　用微分关系法绘制剪力图和弯矩图

### 一、剪力、弯矩与荷载集度间的微分关系

上一节从直观上总结出剪力图、弯矩图的一些规律和特点。现进一步讨论剪力图、弯矩图与荷载集度之间的关系。

如图9–18(a)所示，梁上作用有任意的分布荷载$q(x)$，设$q(x)$以向上为正。取$A$为坐标原点，$x$轴以向右为正。现取分布荷载作用下的一微段$\mathrm{d}x$来研究[图9–18(b)]。

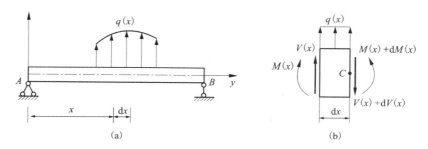

图9–18

由于微段的长度$\mathrm{d}x$非常小，因此，在微段上作用的分布荷载$q(x)$可以认为是均布的。微段左侧横截面上的剪力是$V(x)$、弯矩是$M(x)$；微段右侧截面上的剪力是$V(x)+\mathrm{d}V(x)$、弯矩是$M(x)+\mathrm{d}M(x)$，并设它们都为正值。考虑微段的平衡，由

$$\sum Y=0 \quad V(x)+q(x)\mathrm{d}x-[V(x)+\mathrm{d}V(x)]=0$$

得

$$\frac{\mathrm{d}V(x)}{\mathrm{d}x}=q(x) \tag{9–1}$$

**结论一**：梁上任意一横截面上的剪力对$x$的一阶导数等于作用在该截面处的分布荷载集度。这一微分关系的几何意义是，剪力图上某点切线的斜率等于相应截面处的分布荷载集度。

再由

$$\sum M_c=0 \quad -M(x)-V(x)\mathrm{d}x-q(x)\mathrm{d}x\frac{\mathrm{d}x}{2}+[M(x)+\mathrm{d}M(x)]=0$$

上式中，$C$点为右侧横截面的形心，经过整理，并略去二阶微量$q(x)\dfrac{\mathrm{d}x^2}{2}$后，得

$$\frac{\mathrm{d}M(x)}{\mathrm{d}x}=V(x) \tag{9–2}$$

**结论二**：梁上任一横截面上的弯矩对$x$的一阶导数等于该截面上的剪力。这一微分关系的几何意义是，弯矩图上某点切线的斜率等于相应截面上剪力。

将式(9–2)两边求导，可得

$$\frac{d^2 M(x)}{dx^2} = q(x) \qquad (9-3)$$

**结论三**：梁上任一横截面上的弯矩对 $x$ 的二阶导数等于该截面处的分布荷载集度。这一微分关系的几何意义是，弯矩图上某点的曲率等于相应截面处的荷载集度，即由分布荷载集度的正负可以确定弯矩图的凹凸方向。

## 二、用微分关系法绘制剪力图和弯矩图

利用弯矩、剪力与荷载集度之间的微分关系及其几何意义。可总结出下列一些规律，以用来校核或绘制梁的剪力图和弯矩图。

1. 在无荷载梁段，即 $q(x)=0$ 时

由式(9-1)可知，$V(x)$ 是常数，即剪力图是一条平行于 $x$ 轴的直线；又由式(9-2)可知该段弯矩图上各点切线的斜率为常数，因此，弯矩图是一条斜直线。

2. 均布荷载梁段，即 $q(x)=$ 常数时

由式(9-1)可知，剪力图上各点切线的斜率为常数，即 $V(x)$ 是 $x$ 的一次函数，剪力图是一条斜直线；又由式(9-2)可知，该段弯矩图上各点切线的斜率为 $x$ 的一次函数，因此，$M(x)$ 是 $x$ 的二次函数，即弯矩图为二次抛物线。这时可能出现两种情况，如图9-19所示。

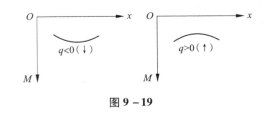

图 9-19

3. 弯矩的极值

由 $\dfrac{dM(x)}{dx} = V(x) = 0$ 可知，在 $V(x)=0$ 的截面处，$M(x)$ 具有极值。即剪力等于零的截面上，弯矩具有极值；反之，弯矩具有极值的截面上，剪力一定等于零。

利用上述荷载、剪力和弯矩之间的微分关系及规律，可更简捷地绘制梁的剪力图和弯矩图，其步骤如下：

(1)分段，即根据梁上外力及支承等情况将梁分成若干段；

(2)根据各段梁上的荷载情况，判断其剪力图和弯矩图的大致形状；

(3)利用计算内力的简便方法，直接求出若干控制截面上的 $V$ 值和 $M$ 值；

(4)逐段直接绘出梁的 $V$ 图和 $M$ 图。

**例9-9** 利用微分关系绘制如图9-20(a)所示悬臂梁的 $V$ 图和 $M$ 图。

**解** (1)对于悬臂梁从自由端开始画图，可不求支座反力，根据梁的外力情况可知梁仅为一段。

(2)计算控制截面剪力，画剪力图

$$V_B = 0,$$
$$V_{A右} = 10 \times 4 = 40 \ (kN)$$

画出剪力图如9-20(b)

(3)计算控制截面弯矩，画弯矩图

因梁上作用有均布荷载，故该段梁的弯矩图为二次抛物线。因 $q$ 向下($q<0$)，所以曲线向下凸，因上侧受拉，所以弯矩图均画于基线以上，其控制截面弯矩为：

$$M_B = 0,$$
$$M_{中} = 10 \times 2 \times 1 = 20 \ (\mathrm{kN \cdot m})$$
$$M_A = 10 \times 4 \times 2 = 80 \ (\mathrm{kN \cdot m})$$

画出弯矩图如图 9 – 20（c）所示。

**例 9 – 10**　试求作图 9 – 21（a）所示外伸梁在集中力偶作用下的内力图。

**解**　（1）求支座反力
$$R_B = 4 \ (\mathrm{kN})(\uparrow), \quad R_A = -4 \ (\mathrm{kN})(\downarrow)$$

（2）根据梁上的外力情况将梁分段，将梁分为 $AB$ 和 $BC$ 两段

（3）计算控制截面剪力，画剪力图

$BC$ 段：取 $B$ 右截面至 $C$ 段为研究对象，无竖向荷载作用，为无剪力区；

$AB$ 段：为无荷载区段，剪力图为水平线，其控制截面剪力为：

$$V_{B左} = -4 \ (\mathrm{kN})$$
$$V_{A右} = -4 \ (\mathrm{kN})$$

画出剪力图如图 9 – 21（b）所示。

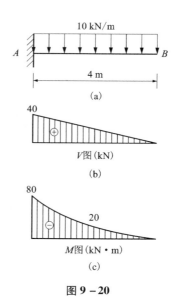

图 9 – 20

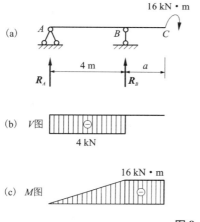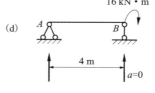

图 9 – 21

（4）计算控制截面弯矩，画弯矩图

$BC$ 段：取 $B$ 右截面到 $C$ 段为研究对象，由集中力偶作用可知，$BC$ 段弯矩图为水平直线，其控制截面弯矩为

$$M_C = -16 \ (\mathrm{kN \cdot m})$$

$AB$ 段：为无荷载区段，弯矩图为斜直线，其控制截面弯矩为

$$M_A = 4 \times 0 = 0$$
$$M_B = -16 \ (\mathrm{kN \cdot m})$$

画出弯矩图如图 9 - 21(c)所示。

(5)请读者思考 9 - 21(d)图的内力图。

**例 9 - 11** 一外伸梁，梁上荷载如图 9 - 22(a)所示，已知 $l = 4$ m，利用微分关系绘出外伸梁的剪力图和弯矩图。

**解** （1）求支座反力

$$R_B = 20 \ (\text{kN})\ (\uparrow),\ R_D = 8 \ (\text{kN})\ (\uparrow)$$

（2）根据梁上的外力情况将梁分段，将梁分为 $AB$、$BC$ 和 $CD$ 三段。

（3）计算控制截面剪力，画剪力图

$AB$ 段梁上有均布荷载，该段梁的剪力图为斜直线，其控制截面剪力为：

$$V_{A右} = 0$$

$$V_{B左} = -\frac{1}{2}ql = -\frac{1}{2} \times 4 \times 4 = -8 \ (\text{kN})$$

$BC$ 和 $CD$ 段均为无荷载区段，剪力图均为水平线，其控制截面剪力为：

$$V_{B右} = -\frac{1}{2}ql + R_B = -8 + 20 = 12 \ (\text{kN})$$

$$V_{D左} = -R_D = -8 \ (\text{kN})$$

画出剪力图如图 9 - 22(b)所示。

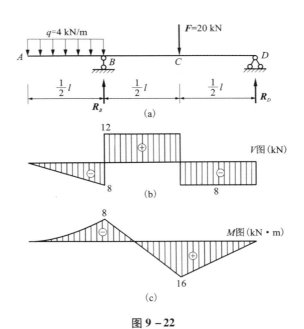

图 9 - 22

（4）计算控制截面弯矩，画弯矩图

$AB$ 段梁上有均布荷载，该段梁的弯矩图为二次抛物线。因 $q$ 向下（$q < 0$），所以曲线向下凸，其控制截面弯矩为

$$M_A = 0$$

$$M_B = -\frac{1}{2}ql \cdot \frac{l}{4} = -\frac{1}{8} \times 4 \times 4^2 = -8 \text{（kN·m）}$$

$BC$ 段与 $CD$ 段均为无荷载区段，弯矩图均为斜直线，其控制截面弯矩为

$$M_B = -8 \text{（kN·m）}$$

$$M_C = R_D \cdot \frac{l}{2} = 8 \times 2 = 16 \text{（kN·m）}$$

$$M_D = 0$$

画出弯矩图如图 9 - 22(c)所示。

从以上看到，对本题来说，只需算出 $V_{B左}$、$V_{B右}$、$V_{D左}$ 和 $M_B$、$M_C$，就可画出梁的剪力图和弯矩图。

**例 9 - 12**　一简支梁，尺寸及梁上荷载如图 9 - 23(a)所示，利用微分关系绘出此梁的剪力图和弯矩图。

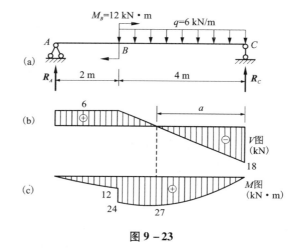

图 9 - 23

**解**　（1）求支座反力

$R_A = 6 \text{（kN）}(\uparrow)$ 　 $R_C = 18 \text{（kN）}(\uparrow)$

（2）根据梁上的荷载情况，将梁分为 $AB$ 和 $BC$ 两段，逐段画出内力图。

（3）计算控制截面剪力，画剪力图

$AB$ 段为无荷载区段，剪力图为水平线，其控制截面剪力为：

$$V_A = R_A = 6 \text{（kN）}$$

$BC$ 为均布荷载段，剪力图为斜直线，其控制截面剪力为：

$$V_B = R_A = 6 \text{（kN）}$$

$$V_{C左} = -R_C = -18 \text{（kN）}$$

画出剪力图如图 9 - 23(b)所示。

（4）计算控制截面弯矩，画弯矩图

$AB$ 段为无荷载区段，弯矩图为斜直线，其控制截面弯矩为：

$$M_A = 0$$

$$M_B = R_A \times 2 = 12 \text{（kN·m）}$$

$BC$ 为均布荷载段，由于 $q$ 向下，弯矩图为凸向下的二次抛物线，其控制截面弯矩为：

$$M_{B右} = R_A \times 2 + M_e = 6 \times 2 + 12 = 24 \text{（kN·m）}$$

$$M_C = 0$$

从剪力图可知，此段弯矩图中存在着极值，应该求出极值所在的截面位置及其大小。

设弯矩具有极值的截面距右端的距离为 $a$，由该截面上剪力等于零的条件可求得 $x$ 值，即

$$V(x) = -R_C + qa = 0$$

$$a = \frac{R_c}{q} = \frac{18}{6} = 3 \ (\text{m})$$

弯矩的极值为：

$$M_{\max} = R_C \cdot a - \frac{1}{2}qa^2 = 18 \times 3 - \frac{6 \times 3^2}{2} = 27 \ (\text{kN} \cdot \text{m})$$

画出弯矩图如图 9 – 23(c)所示。

对本题来说，反力 $R_A$、$R_C$ 求出后，便可直接画出剪力图。而弯矩图，也只需确定 $M_{B左}$、$M_{B右}$ 及 $M_{\max}$ 值，便可画出。

在熟练掌握简便方法求内力的情况下，可以直接根据梁上的荷载及支座反力画出内力图。

# 第五节　用叠加法画弯矩图

## 一、叠加原理

由于在小变形条件下，梁的内力、支座反力，应力和变形等参数均与荷载呈线性关系，每一荷载单独作用时引起的某一参数不受其他荷载的影响。所以，**梁在 $n$ 个荷载共同作用时所引起的某一参数(内力、支座反力、应力和变形等)，等于梁在各个荷载单独作用时所引起同一参数的代数和**，这种关系称为叠加原理(图 9 – 24)。

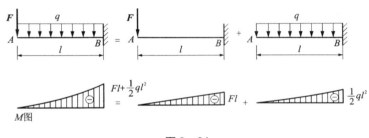

图 9 – 24

## 二、叠加法画弯矩图

根据叠加原理来绘制梁的内力图的方法称为**叠加法**。由于剪力图一般比较简单，因此不用叠加法绘制。下面只讨论用叠加法作梁的弯矩图。其方法为先分别作出梁在每一个荷载单独作用下的弯矩图，然后将各弯矩图中同一截面上的弯矩值代数相加，即可得到梁在所有荷载共同作用下的弯矩图。

为了便于应用叠加法绘内力图，在表 9 – 1 中给出了梁在在简单荷载作用下的剪力图和弯矩图，可供查用。

表 9 – 1　单跨梁在简单荷载作用下的弯矩图

| 荷载形式 | 弯矩图 | 荷载形式 | 弯矩图 | 荷载形式 | 弯矩图 |
|---|---|---|---|---|---|
| $F$ 作用 | $Fl$ | $q$ 均布 | $\dfrac{ql^2}{2}$ | $M_0$ | $M_0$ |
| $F$（$a$、$b$） | $\dfrac{Fab}{l}$ | $q$ 均布 | $\dfrac{ql^2}{8}$ | $M_0$（$a$、$b$） | $\dfrac{b}{l}M_0$　$\dfrac{a}{l}M_0$ |
| $F$ | $Fa$ | $q$ | $\dfrac{1}{2}qa^2$ | $M_0$ | $M_0$ |

**例 9 – 13**　试用叠加法画出图 9 – 25 所示简支梁的弯矩图。

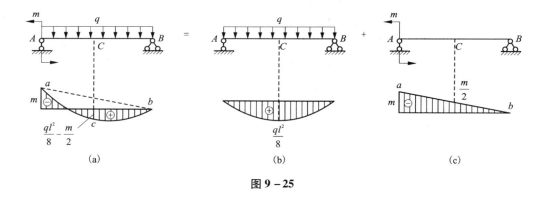

图 9 – 25

**解**　(1)先将梁上荷载分为集中力偶 $m$ 和均布荷载 $q$ 两组。

(2)分别画出 $m$ 和 $q$ 单独作用时的弯矩图[图 9 – 25(b)、(c)]，然后将这两个弯矩图相叠加。叠加时，是将相应截面的纵坐标代数相加。叠加方法如图 9 – 25(a)所示。先作出直线形的弯矩图(即 $ab$ 直线，可用虚线画出)，再以 $ab$ 为基准线作出曲线形的弯矩图。这样，将两个弯矩图相应纵坐标代数相加后，就得到 $m$ 和 $q$ 共同作用下的最后弯矩图[图 9 – 25(a)]。其控制截面为 $A$、$B$、$C$。即

$A$ 截面弯矩为：$M_A = -m + 0 = -m$，

$B$ 截面弯矩为：$M_B = 0 + 0 = 0$

跨中 $C$ 截面弯矩为：$M_C = \dfrac{ql^2}{8} - \dfrac{m}{2}$

叠加时宜先画直线形的弯矩图,再叠加上曲线形或折线形的弯矩图。

由上例可知,用叠加法作弯矩图,一般不能直接求出最大弯矩的精确值,若需要确定最大弯矩的精确值,应找出剪力 $V=0$ 的截面位置,求出该截面的弯矩,即得到最大弯矩的精确值。

**例 9 – 14**　用叠加法画出图 9 – 26 所示简支梁的弯矩图。

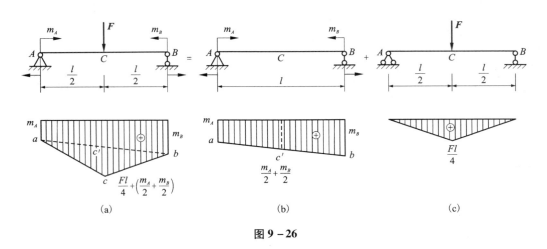

图 9 – 26

**解**　(1)先将梁上荷载分为两组。其中,集中力偶 $m_A$ 和 $m_B$ 为一组,集中力 $F$ 为一组。

(2)分别画出两组荷载单独作用下的弯矩图[图 9 – 26(b)、(c)],然后将这两个弯矩图相叠加。叠加方法如图 9 – 26(a)所示。先作出直线形的弯矩图(即 $ab$ 直线,用虚线画出),再以 $ab$ 为基准线作出折线形的弯矩图。这样,将两个弯矩图相应纵坐标代数相加后,就得到两组荷载共同作用下的最后弯矩图[图 9 – 26(a)]。其控制截面为 $A$、$B$、$C$。即

$A$ 截面弯矩为:$M_A = m_A + 0 = m_A$,

$B$ 截面弯矩为:$M_B = m_B + 0 = m_B$

跨中 $C$ 截面弯矩为:$M_C = \dfrac{m_A + m_B}{2} + \dfrac{Fl}{4}$

### 三、用区段叠加法画弯矩图

上面介绍了利用叠加法画全梁的弯矩图。现在进一步把叠加法推广到画某一段梁的弯矩图,这对画复杂荷载作用下梁的弯矩图和今后画刚架、超静定梁的弯矩图是十分有用的。

图 9 – 27(a)为一梁承受荷载 $F$、$q$ 作用,如果已求出该梁截面 $A$ 的弯矩 $M_A$ 和截面 $B$ 的弯矩 $M_B$,则可取出 $AB$ 段为脱离体[图 9 – 27(b)],然后根据脱离体的平衡条件分别求出截面 $A$、$B$ 的剪力 $V_A$、$V_B$。将此脱离体与图 9 – 27(c)的简支梁相比较,由于简支梁受相同的集中力 $F$ 及杆端力偶 $M_A$、$M_B$ 作用,因此,由简支梁的平衡条件可求得支座反力 $Y_A = V_A$,$Y_B = V_B$。

可见图 9 – 27(b)与图 9 – 27(c)两者受力完全相同,因此两者弯矩也必然相同。对于图 9 – 27(c)所示简支梁,可以用上面讲的叠加法作出其弯矩图如图 9 – 27(d)所示,因此,可知

$AB$ 段的弯矩图也可用叠加法作出。由此得出**结论：任意段梁都可以当作简支梁，并可以利用叠加法来作该段梁的弯矩图**。这种利用叠加法作某一段梁弯矩图的方法称为"**区段叠加法**"。

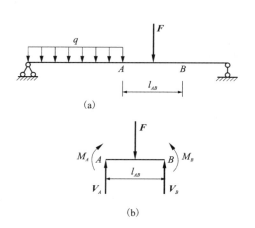

图 9－27

**例 9 – 15**　试作出图 9 – 28 外伸梁的弯矩图。

**解**　（1）分段

将梁分为 $AB$、$BD$ 两个区段。

（2）计算控制截面弯矩。

$$M_A = 0$$
$$M_B = -3 \times 2 \times 1 = -6 \ (\text{kN·m})$$
$$M_D = 0$$

$AB$ 区段 $C$ 截面处的弯矩叠加值为：

$$M_C = \frac{Fab}{l} - \frac{2}{3}M_B = \frac{6 \times 4 \times 2}{6} - \frac{2}{3} \times 6 = 4 \ (\text{kN·m})$$

$BD$ 区段中点 $E$ 的弯矩叠加值为：

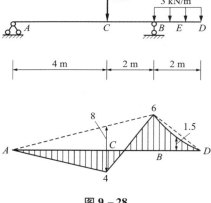

图 9－28

$$M_E = -\frac{M_B}{2} + \frac{ql^2}{8} = -\frac{6}{2} + \frac{3 \times 2^2}{8} = -1.5 \ (\text{kN·m})$$

（3）作 $M$ 图，如图 9－28 所示。

由上例可以看出，用区段叠加法作外伸梁的弯矩图时，不需要求支座反力，就可以画出其弯矩图。所以，用区段叠加法作弯矩图是非常方便的。

## 第六节　梁弯曲时的应力及强度计算

由于梁横截面上有剪力 $V$ 和弯矩 $M$ 两种内力存在，所以它们在梁的横截面上会引起相应的剪应力 $\tau$ 和正应力 $\sigma$。下面讨论梁的正应力、剪应力计算公式及其强度条件。

### 一、梁横截面上的正应力

1. 正应力分布规律

为了解正应力在横截面上的分布情况，可先观察梁的变形，取一弹性较好的矩形截面梁，在其表面上画上一系列与轴线平行的纵向线及与轴线垂直的横向线，构成许多均等的小矩形，然后在梁的两端施加一对力偶矩为 $M$ 的外力偶，使梁发生纯弯曲变形，如图 9 − 29 所示，这时可观察到下列现象：

（1）各横向线仍为直线，只倾斜了一个角度。

（2）各纵向线弯成曲线，上部纵向线缩短，下部纵向线伸长。

根据上面所观察到的现象，推测梁的内部变形，可作出如下的假设和推断：

（1）**平面假设**　各横向线代表横截面，变形前后都是直线，表明横截面变形后仍保持平面，且仍垂直于弯曲后的梁轴线。

（2）**单向受力假设**　将梁看成由无数层纤维组成，每层又由无数根纤维组成，各纤维只受到轴向拉伸或压缩，不存在相互挤压。

从上部各层纤维缩短到下部各层纤维伸长的连续变化中，必有一层纤维既不缩短也不伸长，这层纤维称为中性层。中性层与横截面的交线称为中性轴，如图 9 − 29（c），中性轴通过横截面形心，且与竖向对称轴 $y$ 垂直，并将梁横截面分为受压和受拉两个区域。由此可知，梁弯曲变形时，各截面绕中性轴转动，使梁内纵向纤维伸长和缩短，中性层上纵向各根纤维的长度不变。通过进一步的分析可知，**各层纵向纤维的线应变沿截面高度应为线性变化规律**，而从由胡克定律可推出，**梁弯曲时横截面上的正应力沿截面高度呈线性分布规律变化**，如图 9 − 30 所示。

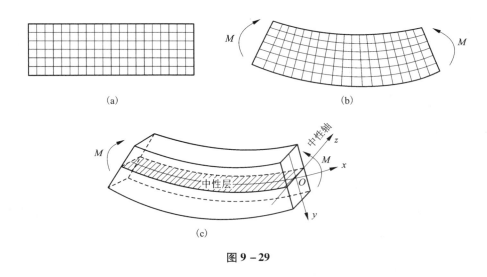

（a）　　　　　　　　　　　　（b）

（c）

**图 9 − 29**

2. 矩形截面正应力计算公式

如图 9 − 30 和图 9 − 31 所示。

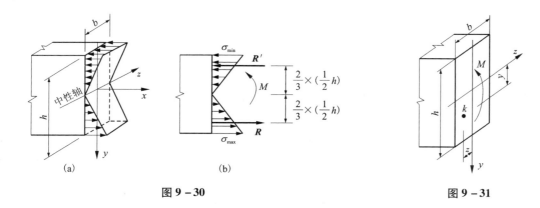

图 9-30　　　　　　　　　　　　　　　　图 9-31

中性轴以下应力形成的合力为:

$$R = R' = \frac{1}{2}\sigma_{max} \times (\frac{1}{2}h) \cdot b = \frac{1}{4}bh\sigma_{max} \qquad (a)$$

截面上应力形成总弯矩为:

$$M = R \times 2[\frac{2}{3} \times (\frac{1}{2}h)] = \frac{1}{4}bh\sigma_{max} \times \frac{2}{3}h = \frac{1}{6}bh^2\sigma_{max} \qquad (b)$$

由(b)式得

$$\sigma_{max} = \frac{M}{\frac{1}{6}bh^2}$$

由图 9-30 正应力分布情况知:

$$\frac{\sigma}{\sigma_{max}} = \frac{y}{\frac{1}{2}h}$$

$$\sigma = \sigma_{max} \times \frac{y}{\frac{1}{2}h} = \frac{M}{\frac{1}{6}bh^2} \times \frac{2y}{h} = \frac{M}{\frac{1}{12}bh^3} \cdot y \qquad (c)$$

又令

$$I_z = \frac{1}{12}bh^3 \qquad (d)$$

将(d)式代入(c)式得梁弯曲时矩形横截面上任一点正应力的计算公式为:

$$\sigma = \frac{M \cdot y}{I_z} \qquad (9-4)$$

式中: $M$ 为横截面上的弯矩; $y$ 为所计算应力点到中性轴的距离; $I_z$ 为截面对中性轴的惯性矩。

　　式(9-4)说明,梁弯曲时横截面上任一点的正应力 $\sigma$ 与弯矩 $M$ 和该点到中性轴距离 $y$ 成正比,与截面对中性轴的惯性矩 $I_z$ 成反比,正应力沿截面高度呈线性分布;中性轴上($y = 0$)各点处的正应力为零;在上、下边缘处($y = y_{max}$)正应力的绝对值最大。用式(9-4)计算正应力时,$M$ 和 $y$ 均用绝对值代入。当截面上有正弯矩时,中性轴以下部分为拉应力,以上部分为压应力;当截面有负弯矩时,则相反。

　　其他截面正应力计算公式与矩形截面相同,推导从略。

　　**例 9-16**　长为 $l$ 的矩形截面悬臂梁,在自由端处作用一集中力 $F$,如图 9-32 所示。已

知 $F = 3$ kN，$h = 180$ mm，$b = 120$ mm，$y = 60$ mm，$l = 3$ m，$a = 2$ m，求 $C$ 截面上 $K$ 点的正应力。

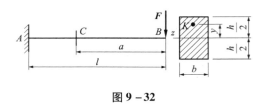

图 9 - 32

**解** （1）计算 $C$ 截面的弯矩

$$M_C = - Fa = -3 \times 2 = -6 \ (\text{kN} \cdot \text{m})$$

（2）计算截面对中性轴的惯性矩

$$I_z = \frac{bh^3}{12} = \frac{120 \times 180^3}{12} = 58.32 \times 10^6 (\text{mm}^4)$$

（3）计算 $C$ 截面上 $K$ 点的正应力

将 $M_C$、$y$（均取绝对值）及 $I_z$ 代入正应力式（9 - 4），得：

$$\sigma_K = \frac{M_C \cdot y}{I_z} = \frac{6 \times 10^6 \times 60}{58.32 \times 10^6} = 6.17 \ (\text{MPa})$$

由于 $C$ 截面的弯矩为负，$K$ 点位于中性轴上方，所以 $K$ 点的应力为拉应力。

## 二、梁横截面上的剪应力

1. 剪应力分布规律假设

对于高度 $h$ 大于宽度 $b$ 的矩形截面梁，其横截面上的剪力 $V$ 沿 $y$ 轴方向，如图 9 - 33（a）所示，现假设剪应力的分布规律如下：

（1）横截面上各点处的剪应力 $\tau$ 都与剪力 $V$ 方向一致；

（2）横截面上距中性轴等距离各点处剪应力大小相等，即沿截面宽度为均匀分布。

2. 矩形截面梁的剪应力计算公式

根据以上假设，可以推导（略）出矩形截面梁横截面上任意一点处剪应力的计算公式为：

$$\tau = \frac{V S_z^*}{I_z b} \tag{9 - 5}$$

式中：$V$ 为横截面上的剪力；$I_z$ 为整个截面对中性轴的惯性矩；$b$ 为需求剪应力处的横截面宽度；$S_z^*$ 为横截面上需求剪应力点处的水平线以上（或以下）部分的面积 $A^*$ 对中性轴的静矩。

用上式计算时，$V$ 与 $S_z^*$ 均用绝对值代入即可。

剪应力沿截面高度的分布规律，可从式（9 - 5）得出。对于同一截面，$V$、$I_z$ 及 $b$ 都为常量。因此，截面上的剪应力 $\tau$ 是随静矩 $S_z^*$ 的变化而变化的。

现求图 9 - 33（b）所示矩形截面上任意一点的剪应力，该点至中性轴的距离为 $y$，该点水平线以上横截面面积 $A^*$ 对中性轴的静矩为：

$$S_z^* = A^* y_0 = b \left( \frac{h}{2} - y \right) \left[ y + \frac{1}{2} \left( \frac{h}{2} - y \right) \right] = \frac{bh^2}{8} \left( 1 - \frac{4y^2}{h^2} \right)$$

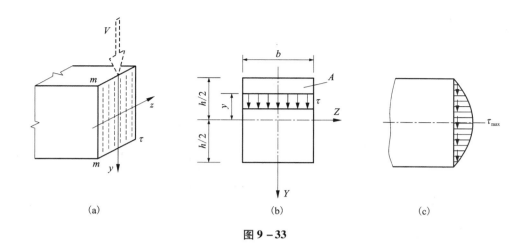

图 9－33

又 $I_z = \dfrac{bh^3}{12}$，代入式（9－5）得：

$$\tau = \frac{3V}{2bh}\left(1 - \frac{4y^2}{h^2}\right)$$

上式表明剪应力沿截面高度按二次抛物线规律分布［图 9－33（c）］。在上、下边缘处（$y = \pm\dfrac{h}{2}$），剪应力为零；在中性轴上（$y = 0$），剪应力最大，其值为：

$$\tau_{max} = \frac{3V}{2bh} = 1.5\,\frac{V}{A} \tag{9－6}$$

式中：$\dfrac{V}{A}$ 为截面上的平均剪应力。

由此可见，矩形截面梁横截面上的最大剪应力是平均剪应力的 1.5 倍，发生在中性轴上。

3. 工字形截面梁的剪应力

工字形截面梁由腹板和翼缘组成［图 9－34（a）］。腹板是一个狭长的矩形，所以它的剪应力可按矩形截面的剪应力公式计算，即：

$$\tau = \frac{VS_z^*}{I_z d} \tag{9－7}$$

式中：$d$ 为腹板的宽度；$S_z^*$ 为横截面上所求剪应力处的水平线以下（或以上）至边缘部分面积对中性轴的静矩。

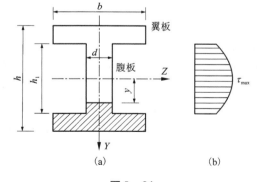

图 9－34

由式（9－7）可求得剪应力 $\tau$ 沿腹板高度按抛物线规律变化，如图 9－34（b）所示。最大剪应力发生在中性轴上，其值为：

$$\tau_{max} = \frac{V_{max}S_{zmax}^*}{I_z d} = \frac{V_{max}}{(I_z/S_{zmax}^*)d}$$

式中：$S^*_{z\max}$ 为工字形截面中性轴以下（或以上）面积对中性轴的静矩。对于工字钢，$I_z/S^*_{z\max}$ 可由型钢表中查得。

翼缘部分的剪应力很小，一般情况不必计算。

**例 9-17** 一矩形截面简支梁如图 9-35 所示。已知 $l=3$ m，$h=160$ mm，$b=100$ mm，$h_1=40$ mm，$F=3$ kN，求 $m-m$ 截面上 $K$ 点的剪应力。

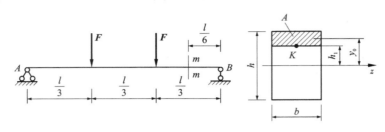

**图 9-35**

**解** （1）求支座反力及 $m-m$ 截面上的剪力

$$R_A=R_B=F=3\ (\text{kN})(\uparrow)$$

$$V=-R_B=-3\ (\text{kN})$$

（2）计算截面的惯性矩及面积 $A^*$ 对中性轴的静矩分别为

$$I_z=\frac{bh^3}{12}=\frac{100\times160^3}{12}=34.1\times10^6\ (\text{mm}^4)$$

$$S_z=A^*y_0=100\times40\times60=24\times10^4\ (\text{mm}^3)$$

（3）计算 $m-m$ 截面上 $K$ 点的剪应力

$$\tau_K=\frac{VS^*_z}{I_zb}=\frac{3\times10^3\times24\times10^4}{34.1\times10^6\times100}=0.21\ (\text{MPa})$$

### 三、梁的强度条件

1. 梁的正应力强度条件

（1）最大正应力

在强度计算时必须算出梁的最大正应力。**产生最大正应力的截面称为危险截面**。对于等直梁，最大弯矩所在的截面就是危险截面。危险截面上的最大应力点称为危险点，它发生在距中性轴最远的上、下边缘处。

对于中性轴是截面对称轴的梁，最大正应力的值为

$$\sigma_{\max}=\frac{M_{\max}y_{\max}}{I_z}$$

令

$$W_z=\frac{I_z}{y_{\max}}$$

则：

$$\sigma_{\max}=\frac{M_{\max}}{W_z} \qquad\qquad (9-8)$$

式中：$W_z$ 称为抗弯截面系数（或模量），它是一个与截面形状和尺寸有关的几何量，其常用单

位为 m³ 或 mm³。对高为 $h$、宽为 $b$ 的矩形截面，其抗弯截面系数为

$$W_z = \frac{I_z}{y_{max}} = \frac{bh^3/12}{h/2} = \frac{bh^2}{6}$$

对直径为 $D$ 的圆形截面，其抗弯截面系数为

$$W_z = \frac{I_z}{y_{max}} = \frac{\pi D^4/64}{D/2} = \frac{\pi D^3}{32}$$

对工字钢、槽钢、角钢等型钢截面的抗弯截面系数 $W_z$ 可从附录型钢表中查得。

（2）正应力强度条件

为了保证梁具有足够的强度，必须使梁危险截面上的最大正应力不超过材料的许用应力，即

$$\sigma_{max} = \frac{M_{max}}{W_z} \leqslant [\sigma] \tag{9-9}$$

式（9-9）为梁的正应力强度条件。

根据强度条件可解决工程中有关强度方面的三类问题。

①强度校核　在已知梁的横截面形状和尺寸、材料及所受荷载的情况下，可校核梁是否满足正应力强度条件。即校核是否满足式（9-9）。

②设计截面　当已知梁的荷载和所用的材料时，可根据强度条件，先计算出所需的最小抗弯截面系数

$$W_z \geqslant \frac{M_{max}}{[\sigma]}$$

然后根据梁的截面形状，再由 $W_z$ 值确定截面的具体尺寸或型钢号。

③确定许用荷载　已知梁的材料、横截面形状和尺寸，根据强度条件先算出梁所能承受的最大弯矩，即

$$M_{max} \leqslant W_z[\sigma]$$

然后由 $M_{max}$ 与荷载的关系，算出梁所能承受的最大荷载。

## 二、梁的剪应力强度条件

为保证梁不破坏，除了要满足正应力强度外，还要满足剪应力强度，梁的最大剪应力不应超过材料的许用剪应力 $[\tau]$。

即：

$$\tau = \frac{V_{max}S^*_{zmax}}{I_z b} \leqslant [\tau] \tag{9-10}$$

式（9-10）称为梁的剪应力强度条件。

在梁的强度计算中，通常先按正应力强度条件设计出截面尺寸，然后按剪应力强度条件进行校核。对于细长梁，按正应力强度条件设计的梁一般都能满足剪应力强度要求，就不必作剪应力校核。但在以下几种情况下，需校核梁的剪应力：①最大弯矩很小而最大剪力很大的梁；②焊接或铆接的组合截面梁（如工字型截面梁）；②木梁，因为木材在顺纹方向的剪切强度较低，所以木梁有可能沿中性层发生剪切破坏。

**例 9-18**　如图 9-36 所示，一悬臂梁长 $l = 1.5$ m，自由端受集中力 $F = 1.4$ kN 作用，$q$

= 0.6 kN/m 计算，梁由木材制成，直径 $d = 120$ mm，$[\sigma] = 12$ MPa。试校核梁的正应力强度。

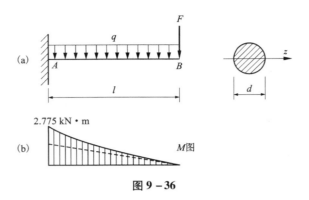

图 9 - 36

**解** （1）求最大弯矩的绝对值

$$\left| M_{\max} \right| = Fl + \frac{ql^2}{2} = 1.4 \times 1.5 + \frac{1}{2} \times 0.6 \times 1.5^2 = 2.775 \ (\text{kN·m})$$

（2）抗弯截面系数为：

$$W_z = \frac{\pi}{32} \times d^3 = \frac{\pi}{32} \times 120^3 = 169.56 \times 10^3 \ (\text{mm}^3)$$

（3）校核正应力强度

$$\sigma_{\max} = \frac{M_{\max}}{W_z} = \frac{2.775 \times 10^6 \ \text{N·mm}}{169.56 \times 10^3 \ \text{mm}^3} = 16.37 \ (\text{MPa}) > [\sigma] = 12 \ (\text{MPa})$$

所以梁不满足正应力强度条件。

**例 9 - 19** 支承在墙上的木梁承受由地板传来的荷载，简化后的木梁受力图如图 9 - 37 所示，木材的许用弯曲应力 $[\sigma] = 12$ MPa，要求木梁做成矩形截面，其高、宽比为 $h/b = 1.5$，试确定此木梁的截面尺寸。

**解** （1）计算最大弯矩

由弯矩图可知最大弯矩值为：

$$M_{\max} = 9.12 \ (\text{kN·m})$$

（2）根据强度条件计算需要的抗弯截面系数 $W_z$。

$$W_z \geqslant \frac{M_{\max}}{[\sigma]} = \frac{9.12 \times 10^6}{12} = 760 \times 10^3 \ (\text{mm}^3)$$

（3）确定截面尺寸。

$$W_z = \frac{bh^2}{6}, \quad h = 1.5b$$

所以

$$W_z = \frac{b \ (1.5b)^2}{6}$$

$$\frac{b \ (1.5b)^2}{6} \geqslant 760 \times 10^3$$

$$b^3 \geqslant \frac{760 \times 10^3 \times 6}{2.25} = 2026.7 \times 10^3 \ (\text{mm}^3)$$

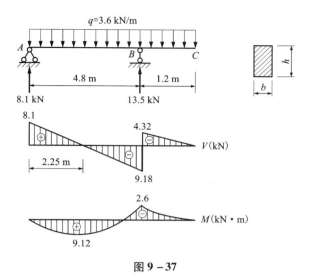

图 9 – 37

$$b \geqslant 126.7 \text{（mm）}$$
$$h \geqslant 1.5b = 1.5 \times 126.7 = 190 \text{（mm）}$$

为施工方便，取截面宽 $b = 130$（mm），高 $h = 190$（mm）。

在选择梁的截面尺寸之前，梁的自重无法计算。通常可估算梁的自重，即强度条件选择截面，待截面选定后，再考虑进行一次梁实际自重的强度校核。

**例 9 – 20**　如图 9 – 38 所示，No40a 号工字钢简支梁，跨度 $l = 8$ m，跨中点受集中力 $F$ 作用。已知 $[\sigma] = 140$ MPa，不考虑自重，求许用荷载 $[F]$。

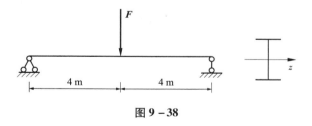

图 9 – 38

**解**　（1）由型钢表查有关数据

抗弯截面系数　　　　　$W_z = 1090 \text{ cm}^3 = 1090 \times 10^{-6} \text{（m}^3\text{）}$

（2）按荷载求 $M_{max}$

$$M_{max} = \frac{Fl}{4} = \frac{1}{4} \times F \times 8 = 2F \text{（N·m）}$$

（3）强度条件求 $[F]$

$$[M_{max}] \leqslant W_z[\sigma]$$
$$2F \leqslant 1090 \times 10^{-6} \times 140 \times 10^{6}$$

解得　　　　　　　　　$F = 76300 \text{ N} = 76.3 \times 10^{3} \text{（N）}$

故 $[F] = 76.3$ (kN)

**例 9 – 21** 某 T 形截面的外伸梁，受荷情况如图 9 – 39(a)所示。已知材料的许用弯曲应力为 $[\sigma] = 80$ MPa，许用剪应力 $[\tau] = 35$ MPa，截面各部分尺寸为 $a = 40$ mm，$b = 30$ mm，$c = 80$ mm，形心到上、下边的距离分别为 $y_1 = 72$ mm，$y_2 = 38$ mm，试校校此梁的强度。

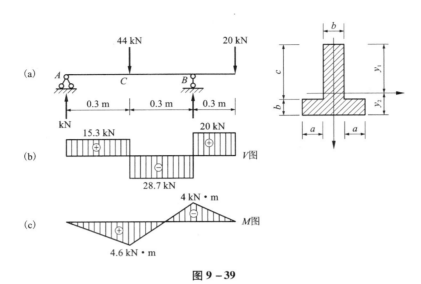

**图 9 – 39**

**解** (1)画剪力图 9 – 39(b)，弯矩图如图 9 – 39(c)所示。$C$ 截面弯矩绝对值最大。

(2)计算截面对中性轴 $z$ 的惯性矩及抗弯截面系数。

$$I_z = \sum (I_c + a^2 A) = \frac{30 \times 80^3}{12} + 32^2 \times 30 \times 80 + \frac{110 \times 30^3}{12} + 23^2 \times 30 \times 110$$

$$= 128 \times 10^4 + 245.8 \times 10^4 + 24.8 \times 10^4 + 174.6 \times 10^4$$

$$= 573 \times 10^4 \text{ (mm}^4\text{)}$$

$$W_1 = \frac{I_z}{y_1} = \frac{573 \times 10^4}{72} = 79.6 \times 10^3 \text{ (mm}^3\text{)}$$

$$W_2 = \frac{I_z}{y_2} = \frac{573 \times 10^4}{38} = 150.8 \times 10^3 \text{ (mm}^3\text{)}$$

(3)正应力强度校核：

由强度条件可知抗弯截面系数小时应力就大，故危险截面 $C$ 最大应力绝对值发生在截面的上边缘，为压应力。

$$\sigma_{\max}(\text{压}) = \frac{M_c}{W_1} = \frac{4.6 \times 10^6}{79.6 \times 10^3} = 57.8 \text{ N/mm}^2 = 57.8 \text{ (MPa)} < [\sigma]$$

(4)剪应力强度校核：

最大剪应力发生在 $CB$ 段

$$\tau_{\max} = \frac{V_{\max} \cdot S_{\max}^*}{I_z \cdot b} = \frac{28.7 \times 10^3 \times 72 \times 30 \times (72/2)}{573 \times 10^4 \times 30} = 12.9 \text{ (MPa)} < [\tau]$$

故梁的强度足够。

3. 梁的合理截面

设计梁时，一方面要保证梁具有足够的强度，使梁在荷载作用下能安全地工作；同时应使设计的梁能充分发挥材料的潜力，以节省材料，这就需要选择合理的截面形状和尺寸。

梁的强度一般是由横截面上的最大正应力控制的。当弯矩一定时，横截面上的最大正应力与抗弯截面系数 $W_z$ 成反比，$W_z$ 愈大就愈有利。而 $W_z$ 的大小是与截面的面积及形状有关，合理的截面形状是在截面面积 $A$ 相同的条件下，有较大的抗弯截面系数 $W_z$，也就是说比值 $W_z/A$ 大的截面形状合理。由于在一般截面中，$W_z$ 与其高度的平方成正比，所以尽可能地使横截面面积分布在距中性轴较远的地方，这样在截面面积一定的情况下可以得到尽可能大的抗弯截面系数 $W_z$，而使最大正应力 $\sigma_{max}$ 减小，或者在抗弯截面系数 $W_z$ 一定的情况下，减少截面面积以节省材料和减轻自重。所以，**工字形、槽形截面比矩形截面合理、矩形截面立放比平放合理、正方形截面比圆形截面合理**。

梁的截面形状的合理性，也可从正应力分布的角度来说明。梁弯曲时，正应力沿截面高度呈直线分布，在中性轴附近正应力很小，这部分材料没有充分发挥作用。如果将中性轴附近的材料尽可能减少，而把大部分材料布置在距中性轴较远的位置处，则材料就能充分发挥作用，截面形状就显得合理。所以，工程上常采用工字形、圆环形、箱形（图 9－40）等截面形式。工程中常用的空心板、薄腹梁等就是根据这个道理设计的。

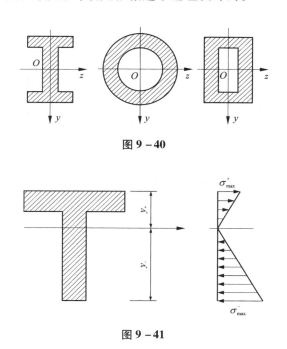

图 9－40

图 9－41

此外，对于用铸铁等脆性材料制成的梁，由于材料的抗压强度比抗拉强度大得多，所以，宜采用 T 形等对中性轴不对称的截面，并将其翼缘部分置于受拉侧（图 9－41）。为了充分发挥材料的潜力，应使最大拉应力和最大压应力同时达到材料相应的许用应力。

# 第七节　梁的变形

为了保证梁在荷载作用下的正常工作，除满足强度要求外，同时还需满足刚度要求。刚度要求就是控制梁在荷载作用下产生的变形在一定限度内，否则会影响结构的正常使用。例如，楼面梁变形过大时，会使下面的抹灰层开裂、脱落；吊车梁的变形过大时，将影响吊车的正常运行等等。

## 一、挠度和转角

梁在荷载作用下产生弯曲变形后，其轴线为一条光滑的平面曲线，此曲线称为梁的挠曲线或梁的弹性曲线。如图 9 - 42 所示的悬臂梁。$AB$ 表示梁变形前的轴线，$AB'$ 表示梁变形后的挠曲线。

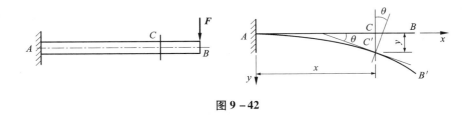

图 9 - 42

（1）挠度　梁任一横截面形心在垂直于梁轴线方向的竖向位移 $CC'$ 称为挠度，用 $y$ 表示，单位为 mm，并规定向下为正。

（2）转角　梁任一横截面相对于原来位置所转动的角度，称为该截面的转角，用 $\theta$ 表示，单位为 rad（弧度），并规定顺时针转为正。

（3）挠曲线近似微分方程推导

梁发生平面弯曲时，其轴线变成一条平面挠曲线。数学上，曲线 $y = f(x)$ 上任一点的曲率公式为

$$\frac{1}{\rho(x)} = \pm \frac{\dfrac{\mathrm{d}^2 y}{\mathrm{d}x^2}}{\left[1 + \left(\dfrac{\mathrm{d}y}{\mathrm{d}x}\right)^2\right]^{\frac{3}{2}}}$$

由于研究的是小变形，梁的曲线很平缓，忽略比 1 小很多的微项 $\left(\dfrac{\mathrm{d}y}{\mathrm{d}x}\right)^2$，于是

$$\frac{1}{\rho(x)} = \pm \frac{\mathrm{d}^2 y}{\mathrm{d}x^2} \tag{a}$$

曲线上任一微段处的曲率与该微段处弯矩的关系可由图 9 - 43 中相似关系推得

$$\frac{y_{max}}{\rho(x)} = \frac{\Delta \mathrm{d}s}{\mathrm{d}s} = \frac{\varepsilon_{max} \cdot \mathrm{d}s}{\mathrm{d}s} = \varepsilon_{max}$$

$$\frac{1}{\rho(x)} = \frac{\varepsilon_{max}}{y_{max}} = \frac{\sigma_{max}}{E \cdot y_{max}} = \frac{M(x)}{E \cdot I_z} \tag{b}$$

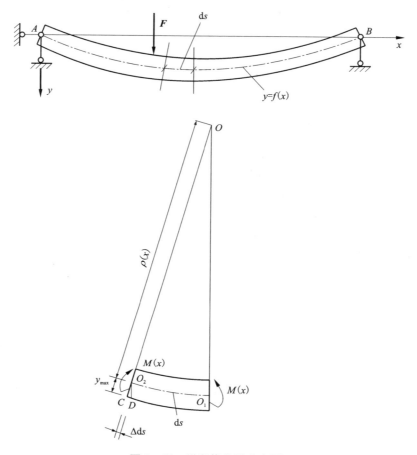

**图 9 – 43 微段挠曲线曲率图**

考察(a)、(b)两式,当弯矩 $M(x)$ 为正值时,挠曲线凹向上,此时 $\dfrac{\mathrm{d}^2 y}{\mathrm{d}x^2}$ 为负值,故在(a)式中取负号,于是有

$$\frac{M(x)}{EI_z} = -\frac{\mathrm{d}^2 y}{\mathrm{d}x^2}$$

$$EI_z y'' = -M(x) \tag{9-11}$$

由式(9 – 11)以及变形边界条件可用积分法计算梁的挠度和转角,积分计算简单荷载作用下的位移值列于表 9 – 2 中。

## 二、用叠加法求梁的变形

由于梁的变形与荷载成线性关系。所以,可以用叠加法计算梁的变形。即先分别计算每一种荷载单独作用时所引起梁的挠度或转角,然后再将它们代数相加,就得到梁在几种荷载共同作用下的挠度或转角。这种方法称为**叠加法**。

梁在简单荷载作用下的挠度和转角可从表 9 – 2 中查得。

表 9-2　梁在简单荷载作用下的挠度和转角

| 支承和荷载情况 | 梁端转角 | 最大挠度 | 挠曲线方程式 |
|---|---|---|---|
| | $\theta_B = \dfrac{Fl^2}{2EI_z}$ | $y_{max} = \dfrac{Fl^3}{3EI_z}$ | $y = \dfrac{Fx^2}{6EI_z}(3l - x)$ |
| | $\theta_B = \dfrac{Fa^2}{2EI_z}$ | $y_{max} = \dfrac{Fa^2}{6EI_z}(3l - a)$ | $y = \dfrac{Fx^2}{6EI_z}(3a - x),\ 0 \leqslant x \leqslant a$ <br> $y = \dfrac{Fa^2}{6EI_z}(3x - a),\ a \leqslant x \leqslant l$ |
| | $\theta_B = \dfrac{ql^3}{6EI_z}$ | $y_{max} = \dfrac{ql^4}{8EI_z}$ | $y = \dfrac{qx^2}{24EI_z}(x^2 + 6l^2 - 4lx)$ |
| | $\theta_B = \dfrac{M_c l}{EI_z}$ | $y_{max} = \dfrac{M_c x^2}{2EI_z}$ | $y = \dfrac{M_c x^2}{2EI_z}$ |
| | $\theta_A = -\theta_B = \dfrac{Fl^2}{16EI_z}$ | $y_{max} = \dfrac{Fl^3}{48EI_z}$ | $y = \dfrac{Fx}{48EI_z}(3l^2 - 4x^2),$ <br> $0 \leqslant x \leqslant \dfrac{l}{2}$ |
| | $\theta_A = -\theta_B = \dfrac{ql^3}{24EI_z}$ | $y_{max} = \dfrac{5ql^4}{384EI_z}$ | $y = \dfrac{qx}{24EI_z}(l^2 - 2lx^2 + x^3)$ |
| | $\theta_A = \dfrac{Fab(l+b)}{6lEI_z}$ <br> $\theta_B = \dfrac{-Fab(l+a)}{6lEI_z}$ | $y_{max} = \dfrac{Fb}{9\sqrt{3}lEI}$ <br> $(l^2 - b^2)^{3/2}$ <br> 在 $x = \dfrac{\sqrt{l^2 - b^2}}{3}$ 处 | $y = \dfrac{Fbx}{6lEI_z}(l^2 - b^2 - x^2)x,$ <br> $0 \leqslant x \leqslant a$ <br> $y = \dfrac{F}{EI_z}\left[\dfrac{b}{6l}(l^2 - b^2 - x^2)x\right.$ <br> $\left. + \dfrac{1}{6}(x - a)^2\right],\ a \leqslant x \leqslant l$ |
| | $\theta_A = \dfrac{M_c l}{6EI_z}$ <br> $\theta_B = -\dfrac{M_c l}{3EI_z}$ | $y_{max} = \dfrac{M_c l^2}{9\sqrt{3}EI_z}$ <br> 在 $x = \dfrac{l}{\sqrt{3}}$ 处 | $y = \dfrac{M_c x}{6lEI_z}(l^2 - x^2)$ |

**例 9 – 22** 试用叠加法计算图 9 – 44 所示简支梁的跨中挠度 $y_C$ 与 $A$ 截面的转角 $\theta_A$。

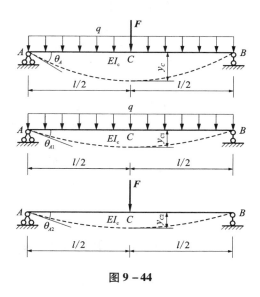

图 9 – 44

**解** 可先分别计算 $q$ 与 $F$ 单独作用下的跨中挠度 $y_{C1}$ 和 $y_{C2}$，由表 9 – 2 查得：

$$y_{C1} = \frac{5ql^4}{384EI}$$

$$y_{C2} = \frac{Fl^3}{48EI}$$

$q$、$F$ 共同作用下的跨中挠度则为：

$$y_C = y_{C1} + y_{C2} = \frac{5ql^4}{384EI} + \frac{Fl^3}{48EI}(\downarrow)$$

同样，也可求得 $A$ 截面的转角为：

$$\theta_A = \theta_{A1} + \theta_{A2} = \frac{ql^3}{24EI} + \frac{Fl^2}{16EI}(\downarrow)$$

**例 9 – 23** 试用叠加法求图 9 – 45 所示梁端 $C$ 点的挠度 $y_C$，$EI$ 为常数。

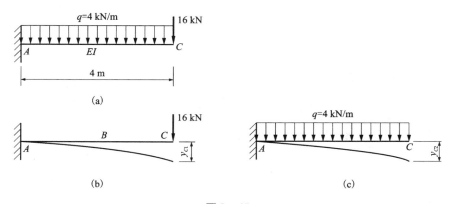

图 9 – 45

**解**

(1)为了应用叠加法,将图(a)分解为图(b)加(c),如图 9 – 45 所示。

(2)由图(b)查表求 $y_{C1}$:

$$y_{C1} = \frac{F \cdot l^3}{3EI} = \frac{16 \times 4^3}{3EI} = \frac{1024}{3EI}(\downarrow)$$

(3)由图(c)查表求 $y_{C2}$:

$$y_{C2} = \frac{q \cdot (l)^4}{8EI} = \frac{4 \times 4^4}{8EI} = \frac{128}{EI}(\downarrow)$$

(4)由叠加法求 $y_C$:

$$y_C = y_{C1} + y_{C2} = \frac{1024}{3EI} + \frac{128}{EI} = \frac{1408}{3EI}(\downarrow)$$

### 三、梁的刚度条件

在建筑工程中,通常只校核梁的最大挠度。以挠度的许用值 $[f]$ 与梁跨长 $l$ 的比值 $\left[\frac{f}{l}\right]$ 作为校核的标准。即梁在荷载作用下产生的最大挠度 $f = y_{max}$ 与跨长 $l$ 的比值不能超过 $\left[\frac{f}{l}\right]$:

$$\frac{f}{l} = \frac{y_{max}}{l} \leqslant \left[\frac{f}{l}\right] \qquad\qquad (9 – 12)$$

式(9 – 12)就是梁的刚度条件。

一般钢筋混凝土梁的 $\left[\frac{f}{l}\right] = \frac{1}{300} \sim \frac{1}{200}$,钢筋混凝土吊车梁的 $\left[\frac{f}{l}\right] = \frac{1}{600} \sim \frac{1}{500}$。

工程设计中,一般先按强度条件设计,再用刚度条件校核。

**例 9 – 24** 一简支梁由№28b 工字钢制成,跨中承受一集中荷载如图 9 – 46 所示。已知 $F = 20$ kN,$l = 9$ m,$E = 210$ GPa,$[\sigma] = 170$ MPa,$\left[\frac{f}{l}\right] = \frac{1}{500}$。试校核梁的强度和刚度。

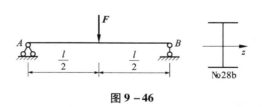

**图 9 – 46**

**解** (1)计算最大弯矩

$$M_{max} = \frac{Fl}{4} = \frac{20 \times 9}{4} = 45 \ (\text{kN} \cdot \text{m})$$

(2)由型钢表查得№28b 工字钢的有关数据:

$$W_z = 534.268 \ (\text{cm}^3)$$

$$I_z = 7480.006 \ (\text{cm}^4)$$

(3)校核强度

$$\sigma_{max} = \frac{M_{max}}{W_z} = \frac{45 \times 10^6}{534.268 \times 10^3} = 84.2 \text{ MPa} < [\sigma] = 170 \text{ （MPa）}$$

梁满足强度条件。

（4）校核刚度

$$\frac{f}{l} = \frac{Fl^2}{48EI_z} = \frac{20 \times 10^3 \times (9 \times 10^3)^2}{48 \times 210 \times 10^3 \times 7480.006 \times 10^4} = \frac{1}{465} > \left[\frac{f}{l}\right] = \frac{1}{500}$$

梁不满足刚度条件，需增大截面。试改用№32a 工字钢，其 $I_z = 11075.525$（$\text{cm}^4$），则：

$$\frac{f}{l} = \frac{20 \times 10^3 \times (9 \times 10^3)^2}{48 \times 210 \times 10^3 \times 11075.525 \times 10^4} = \frac{1}{689} < \left[\frac{f}{l}\right] = \frac{1}{500}$$

改用№32a 工字钢，满足刚度条件。

## 四、提高梁刚度的措施

从表 9-2 可知，梁的最大挠度与梁的荷载、跨度 $l$、抗弯刚度 $EI$ 等情况有关，因此，要提高梁的刚度，需从以下几方面考虑。

1. 提高梁的抗弯刚度 $EI$

梁的变形与 $EI$ 成反比，增大梁的 $EI$ 将使梁的变形减小。由于同类材料的量值不变，因而只能设法增大梁横截面的惯性矩 $I$。在面积不变的情况下，采用合理的截面形状，例如采用工字形、箱形及圆环形等截面，可提高惯性矩 $I$，从而也就提高了 $EI$。

2. 减小梁的跨度

梁的变形与梁的跨长 $l$ 的 $n$ 次幂成正比。设法减小梁的跨度，将会有效地减小梁的变形。例如将简支梁的支座向中间适当移动变成外伸梁，或在梁的中间增加支座，都是减小梁的变形的有效措施。

3. 改善荷载的分布情况

在结构允许的条件下，合理地调整荷载的作用位置及分布情况，以降低最大弯矩，减小变形。

# 第十章　斜截面上的应力

## 第一节　　梁上各点的应力

前面研究了梁横截面上的正应力和剪应力强度，梁的破坏有时是沿梁的斜截面的，我们有必要研究梁斜截面上的应力情况。

### 一、应力状态的概念

1. 应力状态的概念

一般地讲，在受力构件内，在通过同一点的不同方位的截面上，应力的大小和方向是随截面的方位不同而按一定的规律变化的。因此，为了深入了解受力构件内的应力情况，正确分析构件的强度，必须研究一点处的应力情况，即**通过构件内某一点所有不同截面上的应力情况集合，称为一点处的应力状态。**

研究一点处的应力状态时，往往围绕该点取一个微小的正六面体，称为单元体。作用在单元体上的应力可认为是均匀分布的。

2. 应力状态分类

根据一点处的应力状态中各应力在空间的位置，可以将应力状态分为空间应力状态、平面应力状态和单向应力状态。单元体上三对平面都存在应力的状态称为空间应力状态；只有两对平面存在应力的状态称为平面应力状态；只有一对平面存在应力的状态称为单向应力状态。图 10-1(a) 所示的应力状态属空间应力状态，图 10-1(b)、(c) 所示的应力状态属平面应力状态和单向应力状态。若平面应力状态的单元体中，正应力都等于零，仅有剪应力作用，则称为纯剪切应力状态[图 10-1(d)]。

本章主要研究梁上各点与水平方向成一定角度的斜方向上的应力，对于梁来说就是斜截面上的应力情况，或者说研究各点处于平面应力状态的情况。

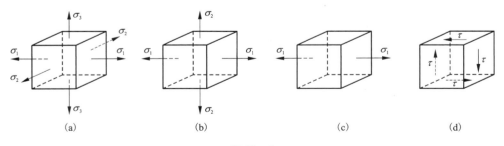

图 10-1

## 二、梁上各点的应力分析

如图 10 – 2 所示，现拿一根在荷载作用下的梁在某截面产生正剪力 $V$ 和正弯矩 $M$ 的情况讨论，梁的最下边缘点即 5 点只受拉应力作用，剪应力等于零，故属单向应力状态；梁的上边缘点即 1 点只受压应力作用，剪应力等于零，也属单向应力状态；3 点只受剪应力作用，属纯剪状态，而 2 点和 4 点既有正应力又有剪应力属平面应力状态。

1. 特殊点斜截面上的应力

1 点、5 点和 3 点都是梁上的特殊点，其中 1 点与 5 点类似，只需要研究 5 点斜截面上的应力，设有一与梁轴线成 $\alpha$ 角的斜截面截开 5 点，求 5 点上斜截面方向上的应力。

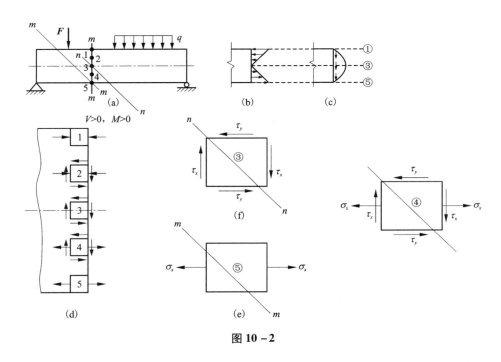

图 10 – 2

取 5 点单元体进行分析，$\alpha$ 斜截面的应力有正应力 $\sigma_\alpha$ 和剪应力 $\tau_\alpha$，如图 10 – 3 所示，列平衡方程求 $\sigma_\alpha$ 和 $\tau_\alpha$，现用斜截面 $BC$ 将单元体切开（图 10 – 3），斜截面的外法线 $n$ 与 $x$ 轴的夹角用 $\alpha$ 表示，（以后 $BC$ 截面称为 $\alpha$ 截面），在 $\alpha$ 截面上的应力用 $\sigma_\alpha$ 及 $\tau_\alpha$ 表示。规定 $\alpha$ 角由 $x$ 轴到 $n$ 轴逆时针转向为正；正应力 $\sigma_\alpha$ 以拉应力为正；压应力为负；剪应力 $\tau_\alpha$ 以对单元体顺时针转向为正，反之为负。

取 $BC$ 左部分为研究对象 [图 10 – 3（c）]，设斜截面上的面积为 $\mathrm{d}A$，则 $BA$ 面和 $AC$ 面的面积分别为 $\mathrm{d}A\cos\alpha$ 和 $\mathrm{d}A\sin\alpha$。建立坐标如图 10 – 3（d）所示，取 $n$ 和 $t$ 为两参考坐标轴，列出平衡方程分别为

$$\sum F_n = 0 \quad \sigma_\alpha \mathrm{d}A - (\sigma_x \mathrm{d}A\cos\alpha)\cos\alpha = 0$$

$$\sigma_\alpha = \sigma_x \cos^2\alpha = \sigma_x \left(\frac{1+\cos 2\alpha}{2}\right) = \frac{\sigma_x}{2} + \frac{\sigma_x}{2}\cos 2\alpha$$

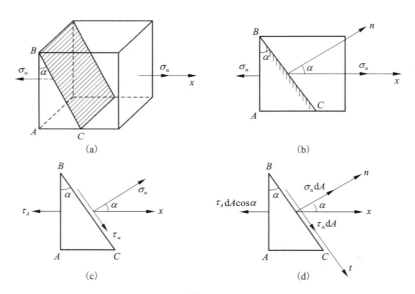

图 10-3

$$\sigma_\alpha = \frac{\sigma_x}{2} + \frac{\sigma_x}{2}\cos 2\alpha \tag{10-1}$$

$$\sum F_t = 0 \quad \tau_\alpha dA - (\sigma_\alpha dA \cos\alpha)\sin\alpha = 0$$

$$\tau_\alpha = \sigma_\alpha \cos\alpha \cdot \sin\alpha = \frac{\sigma_x}{2}\sin 2\alpha$$

$$\tau_\alpha = \frac{\sigma_x}{2}\sin 2\alpha \tag{10-2}$$

由式(10-1)、式(10-2)可见,1点斜截面上有正应力和剪应力,它们的大小随截面的方位 $\alpha$ 角的变化而变化。

当 $\alpha = 0°$ 时,正应力达到最大值:

$$\sigma_{max} = \sigma_x$$

由此可见,梁上下边缘**的最大正应力发生在横截面上**。

取3点单元体进分析, $\alpha$ 斜截面的应力有正应力 $\sigma_\alpha$ 和剪应力 $\tau_\alpha$ ,如图10-4所示,列平衡方程求 $\sigma_\alpha$ 和 $\tau_\alpha$

$$\sum F_n = 0 \quad \sigma_\alpha dA + (\tau_x dA \cos\alpha)\sin\alpha + \tau_y dA \sin\alpha)\cos\alpha = 0$$

$$\sigma_\alpha = -\tau_x 2\sin\alpha \cdot \cos\alpha$$

$$\sigma_\alpha = -\tau_x \sin 2\alpha \tag{10-3}$$

$$\sum F_t = 0 \quad \tau_\alpha dA - (\tau_x dA \cos\alpha)\cos\alpha + (\tau_y dA \sin\alpha)\sin\alpha = 0$$

$$\tau_\alpha = \tau_x \cos^2\alpha - \tau_y \sin^2\alpha$$

$$\tau_\alpha = \tau_x \cos 2\alpha \tag{10-4}$$

由式(10-3)、式(10-4)可见,3点斜截面上有正应力和剪应力,它们的大小随截面的方位 $\alpha$ 角的变化而变化。

当 $\alpha = 0°$ 时,剪应力达到最大值:

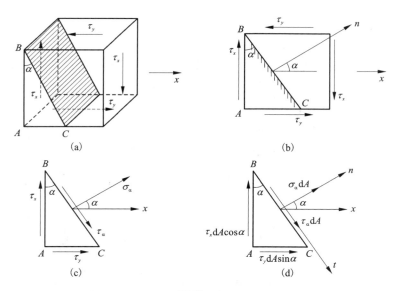

图 10-4

$$\tau_{\max} = \tau_x$$

由此可见，最大剪应力发生梁中横截面上。

当 $\alpha = 45°$ 时，正应力绝对值达到最大值：

$$\sigma_{\max} = -\tau_x$$

**2. 一般点斜截面上的应力**

如图 10-5 所示，其中 4 点和 2 点为一般点，2 点与 4 点类似，只需分析 4 点应力。其实 4 点的应力情况等于 5 点和 3 点应力的叠加，即

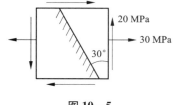

图 10-5

$$\sigma_\alpha = \frac{\sigma_x}{2} + \frac{\sigma_x}{2}\cos2\alpha - \tau_x\sin2\alpha \qquad (10-5)$$

$$\tau_\alpha = \frac{\sigma_x}{2}\sin2\alpha + \tau_x\cos2\alpha \qquad (10-6)$$

式(10-5)和式(10-6)是计算平面应力状态下任一斜截面上应力的一般公式。

**例 10-1** 图示单元体各面应力如图 10-5 所示，试求 $\alpha = 30°$ 斜截面上的应力 $\sigma_\alpha$、$\tau_\alpha$。

**解** 已知 $\sigma_x = 30$ MPa，$\tau_x = -20$ MPa

$$\sigma_\alpha = \frac{\sigma_x}{2} + \frac{\sigma_x}{2}\cos2\alpha - \tau_x\sin2\alpha$$

$$\sigma_\alpha = \frac{30}{2} + \frac{30}{2}\cos(2\times30°) - (-20)\sin(2\times30°)$$

$$= 15 + 15\times\frac{1}{2} + 20\times\frac{1}{2}\sqrt{3} = 39.82 \text{ (MPa)}$$

$$\tau_\alpha = \frac{\sigma_x}{2}\sin2\alpha + \tau_x\cos2\alpha = \frac{30}{2}\times\frac{1}{2}\sqrt{3} + (-20)\times\frac{1}{2} = 2.99 \text{ (MPa)}$$

127

### 三、梁的主应力和主应力迹线

#### 1. 梁的主应力

梁在剪切弯曲时，横截面上除了上、下边缘及中性轴上各点处只有一种应力外，其余各点都同时存在正应力和剪应力。当截面上只有正应力时，称该正应力为主应力，利用前面的公式可以确定梁内任一点处的主应力。

图 10-6 所示为一个剪切弯曲的梁。从任一横截面 $m-m$ 上取 1、2、3、4、5 五个单元体。各单元体 $x$ 面上的正应力和剪应力可以由式 (9-4) 和式 (9-5) 求得。即：

$$\sigma_x = \sigma = \frac{M \cdot y}{I_z}, \quad \tau_x = \tau = \frac{V \cdot S_z^*}{I_z b}$$

在各单元体的 $y$ 面上，$\tau_y = -\tau_x$。

将 $\sigma_x = \sigma$、$\tau_x = \tau$ 代入式 (10-5) 和式 (10-6) 可得梁的主应力及主平面位置的计算公式，即：

$$\sigma_{\min}^{\max} = \frac{\sigma}{2} \pm \sqrt{\left(\frac{\sigma}{2}\right)^2 + \tau^2} \qquad (10-7)$$

$$\tan 2\alpha_0 = \frac{2\tau}{\sigma} \qquad (10-8)$$

由式 (10-7) 可见，$\sigma_{\max}$ 一定大于零，$\sigma_{\min}$ 一定小于零。所以，$\sigma_1 = \sigma_{\max}$ 是主拉应力，$\sigma_3 = \sigma_{\min}$ 是主压应力，与纸面平行的主平面上的主应力 $\sigma_2 = 0$。用上面两式求出各点的主应力及方向如图 10-6(c) 所示。

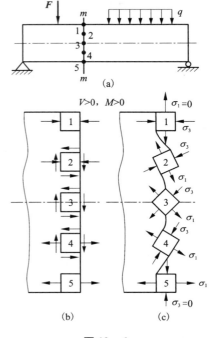

图 10-6

#### 2. 主应力迹线的概念

若在梁内取若干个横截面，计算出横截面正应力和剪应力，然后求出各点斜截面上的主应力，从其中任一横截面 1-1 上的任一点 $a$ 开始，画出 $a$ 点处的主应力（主拉应力 $\sigma_1$ 或主压应力 $\sigma_3$）方向，将其延长与邻近的截面 2-2 相交于 $b$ 点，再画求出 $b$ 点处的主应力方向，

延长与截面 3-3 交于 $c$ 点，依次继续下去，便可得到一条折线，如图 10-7(a) 所示。如果截面取到无穷多，折线就会变成光滑的曲线。从截面上的不同点出发就可以得到不同的光滑曲线，曲线上任一点的切线即代表该点的主应力方向。这样的曲线称为梁的主应力迹线。

图 10-7(b) 所示为一简支梁在均布荷载作用时的主应力迹线。其中，实线代表主拉应力迹线，虚线代表主压应力迹线。因为单元体的主拉应力和主压应力的方向总是相互垂直的，所以，主拉应力迹线和主压应力迹线总是正交的。梁的上、下边缘处，主应力迹线为水平线，梁的中性层处，主应力迹线的倾角为 45°。在钢筋混凝土梁中，受拉钢筋的布置大致与主拉应力迹线一致 [图 10-7(c)]。在工程实际中，考虑到施工的方便，将钢筋弯成与主应力迹线相接近的折线形，而不是曲线形。

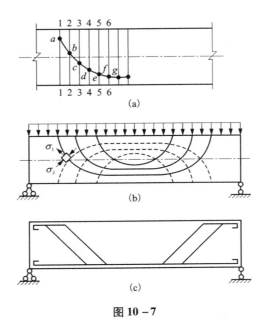

图 10 - 7

# 第二节  应力圆

构件中的点很多情况下处于双向应力状态，如铁路轨道中的点、挡土墙中的点，以及路基边坡中的点，其应力状况如图10-8所示，为了保障这些构件的正常工作，必须研究其斜截面上的应力及最大应力。

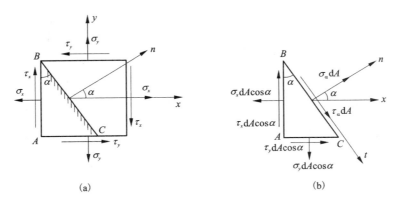

图 10 - 8

由前面的推导容易推出斜截面上的应力公式为：

$$\sigma_\alpha = \frac{\sigma_x + \sigma_y}{2} + \frac{\sigma_x - \sigma_y}{2}\cos 2\alpha - \tau_x \sin 2\alpha \tag{10-9}$$

$$\tau_\alpha = \frac{\sigma_x - \sigma_y}{2}\sin 2\alpha + \tau_x \cos 2\alpha \tag{10-10}$$

分析图 10 - 8 应力状态下斜截面上的应力,还可应用图解法——应力圆求得。图解法的优点是简明直观,其精度能满足工程上要求。

1. 应力圆方程

现将式(10 - 9)进行移项、两边平方后,再与式(10 - 10)两边平方后相加,整理得:

$$\left(\sigma_x - \frac{\sigma_x + \sigma_y}{2}\right)^2 + \tau_\alpha^2 = \left(\frac{\sigma_x - \sigma_y}{2}\right)^2 + \tau_x^2 \qquad (10 - 11)$$

式(10 - 11)是圆的方程。若已知 $\sigma_x$、$\sigma_y$、$\tau_x$,则在以 $\sigma$ 为横坐标,$\tau$ 为纵坐标的坐标系中,可画出一个圆,其圆心为 $\left(\frac{\sigma_x + \sigma_y}{2}, 0\right)$,半径为 $\sqrt{\left(\frac{\sigma_x - \sigma_y}{2}\right)^2 + \tau_x^2}$。圆周上任一点的坐标就代表单元体中与其相对应的斜截面上应力。因此,这个圆称为**应力圆**,式(10 - 11)就称为应力圆方程。

2. 应力圆的做法

实际作应力圆时,并不需要先计算圆心坐标和半径大小,而是由单元体[图 10 - 9(a)]上已知的应力 $\sigma_x$、$\sigma_y$、$\tau_x$ 的值直接作出。应力圆的具体作法如下:

(1)建立坐标   以 $\sigma$ 为横坐标,以 $\tau$ 为纵坐标,建立直角坐标系 $O\sigma\tau$,选定比例尺;

(2)确定基准点 $D_1$、$D_2$   将单元体上 $x$ 平面和 $y$ 平面分别作为两个基准面,相对应面上的应力值定为两个基准点 $D_1(\sigma_x, \tau_x)$、$D_2(\sigma_y, \tau_y)$;

(3)确定圆心位置及半径   连接 $D_1$、$D_2$ 两点,其连线与横坐标轴相交于 $C$ 点,$C$ 点即为圆心;以 $CD_1$ 或 $CD_2$ 为半径作圆,即为应力圆[图 10 - 9(b)]。

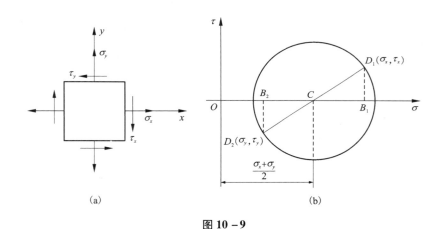

(a)                                 (b)

**图 10 - 9**

3. 应力圆与单元体的对应关系(图 10 - 10)

(1)点面对应   应力圆上某一点的坐标值对应着单元体上某一斜截面上的正应力和剪应力值。如 $D_1$ 点的坐标$(\sigma_x, \tau_x)$对应着 $x$ 面上的正应力和剪应力值。

(2)转向对应   应力圆上由基准点 $D_1$ 到点 $E$ 的转向和单元体上由 $x$ 面到 $\alpha$ 面的转向一致。

(3)倍角对应   应力圆上两点间圆弧的圆心角是单元体上相应的两个面之间夹角的两倍。

130

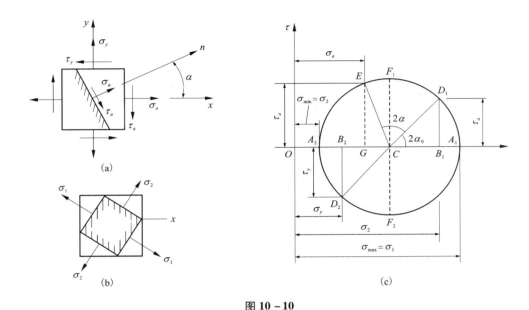

图 10 – 10

### 4. 主平面和主应力

利用应力圆可以分析单元体上任意斜截面上的应力，尤其是可以方便的确定单元体上应力的极值及其作用面的方位。我们将正应力的极值称为**主应力**，主应力的作用面称为**主平面**。下面就由应力圆给出计算单元体的主应力、主平面位置及最大剪应力的计算式。

（1）主应力

由图 10 – 10(b)可见，在应力圆的横坐标轴上 $A_1$、$A_2$ 两点的正应力是 $\sigma_{max}$ 和 $\sigma_{min}$，这两点的纵坐标都等于零，即表示单元体上对应的截面上剪应力 $\tau = 0$。因此 $A_1$、$A_2$ 两点的正应力就是两个主应力，即

$$\sigma_{max} = OA_1 = OC + CA_1 = \frac{\sigma_x + \sigma_y}{2} + \sqrt{\left(\frac{\sigma_x - \sigma_y}{2}\right)^2 + \tau_x^2}$$

$$\sigma_{min} = OA_2 = OC - CA_2 = \frac{\sigma_x + \sigma_y}{2} - \sqrt{\left(\frac{\sigma_x - \sigma_y}{2}\right)^2 + \tau_x^2} \qquad (10 - 12)$$

（2）主平面的方位

圆上 $D_1$ 点到 $A_1$ 点为顺时针转旋转 $2\alpha_0$，在单元体上由 $x$ 轴按顺时针旋转 $\alpha_0$ 便可确定主平面的法线位置。顺时针旋转的角度为负角，从应力圆上可得主平面的位置为

$$\tan 2\alpha_0 = \frac{-2\tau_x}{\sigma_x - \sigma_y} \qquad (10 - 13)$$

应力圆上从 $A_1$ 点到 $A_2$ 点旋转了 $180°$［图 10 – 10(b)］，单元体上相应面的夹角为 $90°$，说明两个主平面相互垂直。且两个主平面上的主应力，一个是极大值，用 $\sigma_{max}$ 或 $\sigma_1$ 表示，另一个是极小值，用 $\sigma_{min}$ 或 $\sigma_2$ 表示［图 10 – 10(c)］。$\sigma_1$ 沿着单元体上剪应力 $\tau$ 所指的象限。一般情况下，平面应力状态有三个互相垂直的主平面（其中一个主平面与纸平面平行）和三个主应力（有一个主应力等于零）。三个主应力通常用 $\sigma_1$、$\sigma_2$、$\sigma_3$ 表示，并按代数值的大小排

列，即。$\sigma_1 \geqslant \sigma_2 \geqslant \sigma_3$

（3）最大剪应力及其平面的方位

在图 10-10(b)所示应力圆上的 $F_1$ 点、$F_2$ 点处有最大剪应力和最小剪应力；即

$$\begin{matrix} \tau_{max} \\ \tau_{min} \end{matrix} = \pm \sqrt{\left(\frac{\sigma_x - \sigma_y}{2}\right)^2 + \tau_x^2} \tag{10-14}$$

从 $A_1$ 点到 $F_1$ 点旋转了 90°，单元体上相应面的夹角为 45°，这说明单元体中的最大剪应力所在平面与主平面相差 45°。

式（10-14）表明，剪应力的极值等于两个主应力差的一半。即

$$\begin{matrix} \tau_{max} \\ \tau_{min} \end{matrix} = \pm \frac{\sigma_{max} - \sigma_{min}}{2} = \pm \frac{\sigma_1 - \sigma_3}{2} \tag{10-15}$$

**例 10-2** 求图 10-11(a)所示一单元体的主应力与主平面，最大剪应力。已知 $\sigma_x = 20$ MPa，$\sigma_y = -10$ MPa，$\tau_x = 20$ MPa。

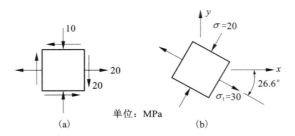

单位：MPa

图 10-11

**解** （1）确定单元体的主平面，由式（10-13），得：

$$\tan 2\alpha_0 = \frac{-2\tau_x}{\sigma_x - \sigma_y} = -\frac{2 \times 20}{20 - (-10)} = -1.33$$

$$\alpha_0 = -26.6°,\ \alpha_0 + 90° = 63.4°$$

（2）计算主应力，由式（10-12），得：

$$\sigma_3^1 = \sigma_{min}^{max} = \frac{\sigma_x + \sigma_y}{2} \pm \sqrt{\left(\frac{\sigma_x - \sigma_y}{2}\right)^2 + \tau_x^2}$$

$$= \frac{20 - 10}{2} \pm \sqrt{\left(\frac{20 - (-10)}{2}\right)^2 + 20^2}$$

$$= \begin{cases} 30 \\ -20 \end{cases} （\text{MPa}）$$

由此，三个主应力分别为：

$$\sigma_1 = 30 \text{ MPa}、\sigma_2 = 0、\sigma_3 = -20 \text{ MPa}$$

单元体如图 10-11(b)所示，最大主应力 $\sigma_1$ 偏向 $\tau_x$ 指向的一侧。

（3）最大剪应力可由式（10-15）直接得出：

$$\tau_{max} = \frac{\sigma_1 - \sigma_3}{2} = \frac{30 - (-20)}{2} = 25 （\text{MPa}）$$

# 第三节　强度理论

## 一、强度理论的概念

在前面的章节中,已给出了单向应力状态和纯剪切应力状态的强度条件,即第一节中梁的 1 点、5 点和 3 点应力状态的强度条件

$$\sigma_{max} \leqslant [\sigma] \qquad \tau_{max} \leqslant [\tau]$$

式中的许用正应力 $[\sigma]$ 和许用剪应力 $[\tau]$,是通过由试验测出材料的极限应力 $\sigma^0$ 和 $\tau^0$ 后,除以相应的安全系数而得到。因此,上述强度条件是根据试验结果建立的。

当构件中的危险点处于复杂应力状态时,如第一节中梁的 2 点和 4 点,实践证明,再想通过试验来建立强度条件就很难以实现。因此,解决复杂应力状态下的强度问题,就不能采用试验的方法,而应根据材料在各种情况下的破坏现象,进行分析、研究和推测,提出一些关于材料破坏原因的假说。根据这些假说建立的强度条件就称为**强度理论**。

## 二、强度理论简介

一般来说,材料的破坏形式可分为**脆性断裂**和**塑性屈服**两大类。所以,相应的强度理论也就分为两类,共有四个强度理论。第一类是关于脆性断裂破坏的强度理论,常用的有最大拉应力理论 $\sigma_1 \leqslant [\sigma]$(第一强度理论),最大拉应变理论 $\varepsilon_1 \leqslant [\varepsilon]$(第二强度理论);第二类是关于塑性屈服破坏的强度理论,常用的有最大剪应力理论(第三强度理论)和形状改变比能理论(第四强度理论)。根据需要,这里只较详细介绍第二类强度理论。

1. 第三强度理论——最大剪应力理论

这一理论认为:引起材料发生塑性屈服破坏的主要因素是最大剪应力。无论材料处于何种状态,只要构件内危险点处的最大剪应力 $\tau_{max}$ 达到材料在单向拉伸时的屈服破坏的极限剪应力 $\tau_s$,材料就会发生塑性屈服破坏,塑性屈服破坏的条件为:

$$\tau_{max} = \tau_s$$

在复杂应力状态下的最大剪应力 $\tau_{max} = \dfrac{\sigma_1 - \sigma_3}{2}$,简单应力状态下的剪应力极限值为 $\tau_s = \dfrac{\sigma_s}{2}$,所以有

$$\sigma_1 - \sigma_3 = \sigma_s$$

将 $\sigma_s$ 除以安全系数,得许用应力 $[\sigma]$,于是,得到强度条件为

$$\sigma_1 - \sigma_3 \leqslant [\sigma] \tag{10-16}$$

2. 第四强度理论——形状改变比能理论

构件受力而变形后,在杆内储存了变形能。变形能由两部分组成,一部分是体积改变变形能,另一部分是形状改变变形能。这一理论认为:引起材料发生塑性屈服破坏的主要因素是形状变形比能。无论材料处于何种状态,只要构件内危险点处的形状改变比能达到材料在单向拉伸时的屈服破坏极限形状改变比能,材料就会发生塑性屈服破坏,根据这一理论建立的强度条件为

$$\sqrt{\frac{1}{2}\left[(\sigma_1-\sigma_2)^2+(\sigma_2-\sigma_3)^2+(\sigma_3-\sigma_1)^2\right]}\leqslant[\sigma] \qquad (10-17)$$

试验表明：第三、第四强度理论都适合于塑性材料，目前都普遍应用于工程实际当中。当塑性材料的三个主应力同时存在时，第四强度理论同时考虑了三个主应力对屈服破坏的综合影响，所以比第三强度理论更接近试验结果。而第三强度理论偏于安全。

综合式(10-16)、式(10-17)两个强度理论的强度条件式，可将它们写成下面的统一形式

$$\sigma_{ri}\leqslant[\sigma] \qquad (10-18)$$

式中 $\sigma_{ri}$ 称为相当应力。第三、第四强度理论的相当应力分别为：

$$\sigma_{r3}=\sigma_1-\sigma_3 \qquad (10-19)$$

$$\sigma_{r4}=\sqrt{\frac{1}{2}\left[(\sigma_1-\sigma_2)^2+(\sigma_2-\sigma_3)^2+(\sigma_3-\sigma_1)^2\right]} \qquad (10-20)$$

梁的第三、第四强度理论的相当应力分别为：

$$\sigma_{r3}=\sqrt{\sigma_x^2+4\tau_x^2} \qquad (10-21)$$

$$\sigma_{r4}=\sqrt{\sigma_x^2+3\tau_x^2} \qquad (10-22)$$

# 第十一章　组合变形

## 第一节　组合变形的概念

在前面几章中,分别研究了杆件在基本变形(拉伸、压缩、剪切、扭转、弯曲)时的强度和变形。在实际工程中,有许多构件在荷载作用下常常同时发生两种或者两种以上的基本变形,这种情况称为组合变形。例如,图 11-1 所示屋架上的檩条,可以作为简支梁来计算,它受到从屋面传来的荷载 $q$ 的作用,若 $q$ 的作用线并不通过工字形截面的任一根形心主惯性轴,所引起的就不是平面弯曲。如果把 $q$ 沿两个形心主惯性轴方向分解,则引起沿两个方向的平面弯曲,这种情况称为斜弯曲或者双向弯曲。又如图 11-2 所示,厂房的吊车柱子,承受屋架和吊车梁传来的荷载 $P_1$、$P_2$,$P_1$、$P_2$ 的合力一般与柱子的轴线不相重合,而是有偏心。如果将合力简化到轴线上,则必须附加力偶 $P_1e_1$ 和 $P_2e_2$,而附加力偶 $P_1e_1$ 和 $P_2e_2$ 将引起纯弯曲,所以这种情况是轴向压缩和纯弯曲的共同作用,称为偏心压缩。

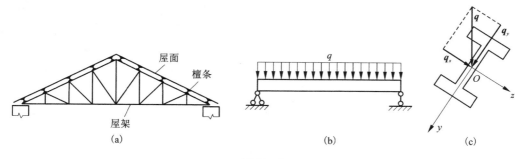

图 11-1

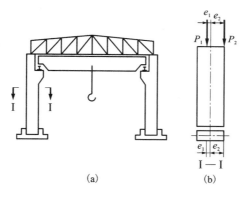

图 11-2

其他如卷扬机的机轴,同时承受扭转和弯曲的作用,楼梯的斜梁、烟囱、挡土墙等构件都同时承受压缩和平面弯曲的共同作用。

计算发生组合变形的杆件应力和变形时,可先将荷载进行简化或分解,使简化或分解后的静力等效荷载,各自只引起一种简单变形,先分别计算,后进行叠加,就得到原来的荷载引起的组合变形时的应力和变形。当然,必须满足小变形假设以及力与位移之间成线性关系这两个条件才能应用叠加原理。

下面讨论斜弯曲、拉伸(或压缩)与弯曲的组合作用、偏心压缩等情况。其他形式的组合变形,其分析方法与上述几种情况相同。

## 第二节 斜弯曲的应力和强度计算

在前面曾经指出,对于横截面具有对称轴的梁,当外力作用在纵向对称平面内时,梁的轴线在变形后将变成为一条位于纵向对称面内的平面曲线。这种变形形式称为平面弯曲。

但当外力不作用在纵向对称平面内时,如图 11 - 3 所示。实验及理论研究表明,此时梁的挠曲线并不在梁的纵向对称平面内,即不属于平面弯曲,这种弯曲称为斜弯曲。

现以矩形截面悬臂梁为例来说明斜弯曲的应力和变形的计算。

如图 11 - 4 所示悬臂梁,在自由端受集中力 $F$ 作用,$F$ 通过截面形心并与 $y$ 轴成 $\varphi$ 角。

选取坐标系如图 11 - 4 所示,梁轴线作为 $x$ 轴,两个对称轴分别作为 $y$ 轴和 $z$ 轴。

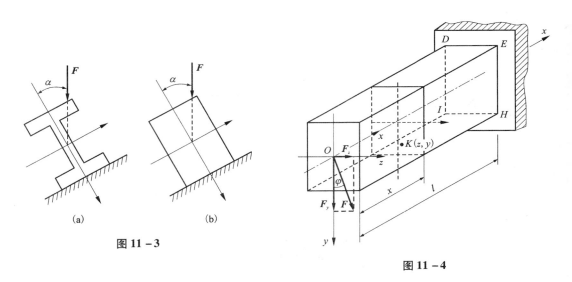

图 11 - 3

图 11 - 4

## 一、应力

(1)任意截面应力

将力 $F$ 沿 $y$ 轴和 $z$ 轴分解为两个分量 $F_y$ 和 $F_z$(**这时的下标 $y$ 和 $z$ 代表的是方向**),得:

$$F_y = F\cos\varphi$$

$$F_z = F\sin\varphi$$

这两个分量分别引起沿铅垂面和水平面的平面弯曲。求此情况下距自由端为 $x$ 的截面上

任意点 $K$ 的正应力，该点的坐标为 $z$ 和 $y$（这时的 $y$ 和 $z$ 代表的是 $K$ 点的位置）。

先求出 $x$ 截面的弯矩 $M_z$ 和 $M_y$（这时的下标 $y$ 和 $z$ 代表的是中性轴）：

$$M_z = F_y \cdot x = F\cos\varphi \cdot x = M\cos\varphi$$
$$M_y = F_z \cdot x = F\sin\varphi \cdot x = M\sin\varphi$$

任一点 $K$ 的正应力可以应用第九章中计算公式进行计算，设 $M_z$ 代表以 $z$ 为中性轴的弯曲，引起的应力设为 $\sigma'$，$M_y$ 代表以 $y$ 为中性轴的弯曲，引起的应力设为 $\sigma''$，则有：

以 $z$ 轴为中性轴时的应力：$\sigma' = \pm \dfrac{M_z}{I_z}y$

以 $y$ 轴为中性轴时的应力：$\sigma'' = \pm \dfrac{M_y}{I_y}z$

应力的正负号可以通过观察梁的变形来确定。拉应力取正号，压应力取负号。

应用叠加法，$K$ 点的应力为：

$$\sigma = \sigma' + \sigma'' = \pm \frac{M_z}{I_z}y \pm \frac{M_y}{I_y}z \qquad (11-1)$$

（2）危险截面应力

在作强度计算时，须先确定危险截面，然后在危险截面上确定危险点。对斜弯曲来说，与平面弯曲一样，通常也是由最大正应力控制。所以对如图 11-4 所示的悬臂梁来说，危险截面显然在固定端处，因为该处弯矩 $M_z$ 和 $M_y$ 的绝对值达到最大。至于要确定该截面上的危险点的位置，则对于工程中常用的具有凸角而又有两条对称轴的截面，如矩形、工字形等，根据对变形的判断，可知最大正应力发生在 $ID$ 与 $ED$ 相交的 $D$ 点，

$$\sigma_{max} = \sigma_{max}^{DE} + \sigma_{max}^{DI} = \frac{M_{z,\,max}}{I_z}y_{max} + \frac{M_{y,\,max}}{I_y}z_{max} = \sigma^D$$

最小正应力发生 $IH$ 与 $EH$ 的相交的 $H$ 点，

$$\sigma_{min} = \sigma_{min}^{IH} + \sigma_{min}^{EH} = -\frac{M_{z,\,max}}{I_z}y_{max} - \frac{M_{y,\,max}}{I_y}Z_{max} = \sigma^H$$

（3）强度计算公式

若材料的抗拉与抗压强度相同，其强度条件就可以写为：

$$\sigma_{max} = \frac{M_{z,\,max}}{W_z} + \frac{M_{y,\,max}}{W_y} \leqslant [\sigma] \qquad (11-2)$$

式中

$$W_z = \frac{I_z}{y_{max}} \quad W_y = \frac{I_y}{z_{max}}$$

对于不易确定危险点的截面，例如边界没有棱角而呈弧线的截面，如图 11-5 所示，则需要研究应力的分布规律，确定中性轴位置。为此，将斜弯曲正应力表达式改写为

$$\sigma = \frac{M_z}{I_z}y + \frac{M_y}{I_y}z = M\left(\frac{\cos\varphi}{I_z}y + \frac{\sin\varphi}{I_y}z\right) = 0 \qquad (11-3)$$

式（11-3）表明，发生斜弯曲时，截面上的正应力是 $y$ 和 $z$ 的线性函数，所以它的分布规律是一个平面。对于矩形截面如图 11-6 所示，此应力平面与 $y$、$z$ 坐标平面（即 $x$ 截面）相交于一直线，在此直线上应力均等于零。所以该直线为中性轴。

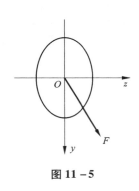

图 11－5

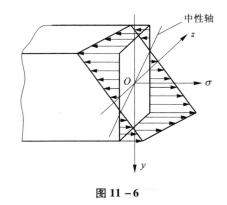

图 11－6

## 二、变形

斜弯曲的变形计算也可以采用叠加法，仍以图 11－4 所示的悬臂梁为例，设欲求自由端的挠度 $f$，方法是先分别求出两个平面弯曲的挠度，如 $y$ 方向的挠度 $f_y$ 为：

$$f_y = \frac{F_y \cdot l^3}{3EI_z} = \frac{F\cos\varphi \cdot l^3}{3EI_z}$$

$z$ 方向的挠度 $f_z$ 为：

$$f_z = \frac{F_z \cdot l^3}{3EI_y} = \frac{F\sin\varphi \cdot l^3}{3EI_y}$$

总挠度为上述两个挠度的几何之和，如图 11－7 所示，其大小为：

$$f = \sqrt{f_y^2 + f_z^2} \qquad (11-4)$$

将 $f_y$ 和 $f_z$ 的值代入式（11－4），即可求得 $f$ 值。

至于总挠度 $f$ 的方向，总挠度方向与 $F$ 力的方向并不一致，即荷载平面不与挠曲线平面重合，如图 11－8 所示。

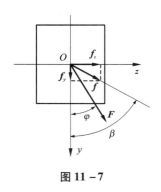

图 11－7

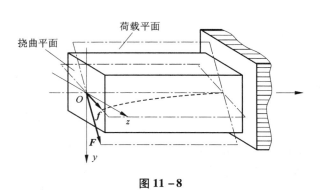

图 11－8

**例 11－1** 图 11－9 所示一工字形简支钢梁，跨中受斜向集中力 $F$ 作用。设工字钢的型号为 No22b。已知 $F = 20$ kN，$E = 2.0 \times 10^5$ MPa，$\varphi = 15°$，$l = 4$ m。试求：（1）危险截面上的最大正应力；（2）最大挠度。

**解** （1）计算最大正应力

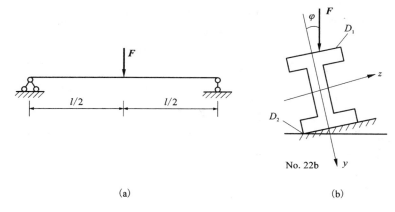

(a)　　　　　　　　　　　　(b)

图 11 – 9

先把荷载沿 $z$ 轴和 $y$ 轴分解为两个分量：

$$F_y = F\cos\varphi$$

$$F_z = F\sin\varphi$$

危险截面在跨中，按简支梁计算其最大弯矩分别为

$$M_{z,\,max} = \frac{1}{4}F_y \cdot l = \frac{1}{4}Fl\cos\varphi$$

$$M_{y,\,max} = \frac{1}{4}F_z \cdot l = \frac{1}{4}Fl\sin\varphi$$

根据上述两个弯矩的方向，可知最大应力发生在 $D_1$ 和 $D_2$ 两点，如图 11 – 9（b）所示，其中 $D_1$ 点产生最大压应力，$D_2$ 点产生最大拉应力。两点应力的绝对值相等，所以计算一点即可，如计算 $D_2$ 点的应力

$$\sigma_{max} = \frac{M_{z,\,max}}{W_z} + \frac{M_{y,\,max}}{W_y}$$

由型钢表查得 $W_z = 325 \text{ cm}^3 = 325 \times 10^3 \text{ mm}^3$，$W_y = 42.7 \text{ cm}^3 = 42.7 \times 10^3 \text{ mm}^3$，代入上式，得：

$$\sigma_{max} = \frac{M_{z,\,max}}{W_z} + \frac{M_{y,\,max}}{W_y} = \frac{Fl}{4}\left(\frac{\cos\varphi}{W_z} + \frac{\sin\varphi}{W_y}\right)$$

$$= \frac{20 \times 10^3 \times 4 \times 10^3}{4}\left(\frac{\cos 15°}{325 \times 10^3} + \frac{\sin 15°}{42.7 \times 10^3}\right)$$

$$= 180.7 \text{（MPa）}$$

（2）计算最大挠度

先分别计算出沿 $z$ 轴和 $y$ 轴方向的挠度分量

$$f_z = \frac{F_z l^3}{48EI_y} = \frac{F\sin\varphi l^3}{48EI_y}$$

$$f_y = \frac{F_y l^3}{48EI_z} = \frac{F\cos\varphi l^3}{48EI_z}$$

由型钢表查得，$I_y = 239 \text{ cm}^4$，$I_z = 3570 \text{ cm}^4$，$\sin 15° = 0.259$，$\cos 15° = 0.966$

根据式（11 – 4），得总挠度为：

$$f_y = \frac{F \cdot \cos\varphi \cdot l^3}{48EI_z} = \frac{20 \times 10^3 \times 0.966 \times 4^3 \times 10^9}{48 \times 2 \times 10^5 \times 3570 \times 10^4} = 3.6 \ (\text{mm})$$

$$f_z = \frac{F \cdot \cos\varphi \cdot l^3}{48EI_y} = \frac{20 \times 10^3 \times 0.259 \times 4^3 \times 10^9}{48 \times 2 \times 10^5 \times 239 \times 10^4} = -14.45 \ (\text{mm})$$

$$f = \sqrt{f_y^2 + f_z^2} = \sqrt{3.6^2 + (-14.45)^2} \approx 15 \ (\text{mm})$$

设总挠度 $f$ 与 $y$ 轴的夹角为 $\beta$，读者可思考计算，其数值不等于 $\varphi$。

（3）作为比较，设力 $\boldsymbol{F}$ 的方向与 $y$ 轴重合，即发生的是绕 $z$ 轴的平面弯曲，现在求此情况下的最大正应力 $\sigma_{max}$ 和最大挠度 $f$。

此时 $D_1$ 点和 $D_2$ 点的应力仍是最大的，其值为

$$\sigma'_{max} = \frac{M}{W_z} = \frac{Fl}{4W_z} = \frac{20 \times 10^3 \times 4 \times 10^3}{4 \times 325 \times 10^3} = 61.5 \ (\text{MPa})$$

将斜弯曲时的最大应力与此应力进行比较，得：

$$\frac{\sigma_{max}}{\sigma'_{max}} = \frac{180.7}{61.5} \approx 3$$

而最大挠度 $f'$ 为：

$$f' = \frac{Fl^3}{48EI_z} = \frac{20 \times 10^3 \times 4^3 \times 10^9}{48 \times 2 \times 10^6 \times 3570 \times 10^4} = 3.74 \ (\text{mm})$$

将斜弯曲时的最大挠度 $f$ 与此 $f'$ 进行比较，得：

$$\frac{f}{f'} = \frac{15}{3.74} = 4$$

从上面的比较中可见，当 $I_z$ 比 $I_y$ 大得多时，力的作用方向，只要与主惯性轴稍有偏离，则最大应力和最大挠度比没有偏离时的平面弯曲会增大很多。例如本例力 $\boldsymbol{F}$ 仅偏离 15°，而最大应力和最大挠度分别为平面弯曲时的 3 倍和 4 倍，所以对于两个主惯性矩相差较大的梁，应尽量避免斜弯曲的发生。

## 第三节　拉伸(压缩)和弯曲组合变形的计算

如果杆件除了在通过其轴线的纵向平面内受到垂直于轴线的荷载以外，还受到轴向拉（压）力，这时杆将发生拉伸（压缩）和弯曲组合变形。例如，如图 11 - 10 所示的烟囱在自重作用下引起轴向压缩，在风力作用下引起弯曲，所以是轴向压缩与弯曲的组合变形。

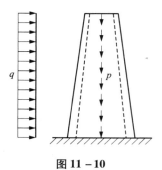

图 11 - 10

又如简易吊车架的横梁 *AB*，当吊钩吊重物 **F** 时，它除了受到杆横向集中力 **F** 的作用外，还由于 *B* 端斜杆 *BC* 的拉力而产生轴力 *N* 的作用。所以梁 *AB*（简支梁）受到压缩和弯曲的组合作用，如图 11 – 11 所示。

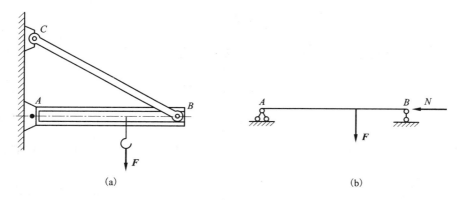

图 11 – 11

现以图 11 – 12 所示矩形截面简支梁受横向力 **F** 和轴向力 **N** 的作用为例来说明正应力的计算。

梁在横向力作用下发生弯曲，弯曲正应力 $\sigma_M$ 为：

$$\sigma_M = \pm \frac{M}{I_z} y$$

其分布规律如图 11 – 12（c）所示，最大应力为：

$$\sigma_{M,\,max} = \frac{M_{max}}{W_z}$$

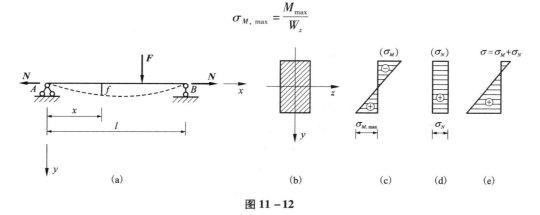

图 11 – 12

梁在轴力 **N** 作用下引起轴向拉伸，如图 11 – 12（d）所示，其值为

$$\sigma_N = \frac{N}{A}$$

总应力为两项应力的叠加

$$\sigma_{max} = \sigma_{M,\,max} + \sigma_N = \frac{M}{I_z} y + \frac{N}{A}$$

$$\sigma_{min} = \sigma_{M,\,min} + \sigma_N = \frac{M}{I_z} y + \frac{N}{A}$$

其分布如图 11 - 12(e)所示(设 $\sigma_{M,\,max} > \sigma_N$),则最大正应力和最小正应力为

$$\left.\begin{aligned}\sigma_{max} &= \frac{N}{A} + \frac{M_{max}}{W_z}\\[2mm]\sigma_{min} &= \frac{N}{A} - \frac{M_{max}}{W_z}\end{aligned}\right\} \tag{11-5}$$

求得最大正应力就可以进行强度计算,强度条件为:

$$\sigma_{max} = \frac{N}{A} + \frac{M_{max}}{W_z} \leqslant [\sigma]_l \tag{11-6a}$$

$$\sigma_{min} = \left| \frac{N}{A} - \frac{M_{max}}{W_z} \right| \leqslant [\sigma]_c \tag{11-6b}$$

上列公式中若用于轴向压缩时则轴力 $N$ 取负值,式中 $[\sigma]_l$ 为材料的许用拉应力,$[\sigma]_c$ 为许用压应力。

**例 11 - 2** 如图 11 - 13 所示,简支工字钢梁,型号为 25a,受均布荷载 $q$ 及轴向拉力 $F = 20\ \text{kN}$ 的作用。已知 $q = 10\ \text{kN/m}$,$l = 3\ \text{m}$。试求最大拉应力。

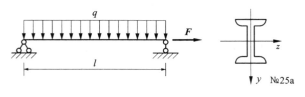

**图 11 - 13**

**解** (1)先求最大弯矩 $M_{max}$ 和轴力 $N$,它发生在跨中截面,其值为

$$M_{max} = \frac{1}{8}ql^2 = \frac{1}{8} \times 10 \times 3^2 = 11.25\ (\text{kN·m})$$

$$N = F = 20\ (\text{kN})$$

(2)分别计算由于轴力和最大弯矩所引起的最大拉应力(即最正应力)
查型钢表,得 $W_z = 402\ \text{cm}^3$,$A = 48.5\ \text{cm}^2$,则

$$\sigma_{M,\,max} = \frac{M_{max}}{W_z} = \frac{11.25 \times 10^6}{402 \times 10^3} = 28\ (\text{MPa})$$

$$\sigma_N = \frac{N}{A} = \frac{20 \times 10^3}{48.5 \times 10^2} = 4.12\ (\text{MPa})$$

(3)求最大总拉应力

$$\sigma_{max} = \sigma_N + \sigma_{M,\,max} = 4.12 + 28 = 32.12\ (\text{MPa})$$

**例 11 - 3** 某桥墩如图 11 - 14(a)所示。桥墩承受的荷载有上部结构传来的压力 $P_0 = 1920\ \text{kN}$,桥身的自重 $P_1 = 2200\ \text{kN}$,基础自重 $P_2 = 1200\ \text{kN}$,车辆的水平制动力 $T = 300\ \text{kN}$。基础底部为矩形、基底宽 $b = 5\ \text{m}$,基底截面高 $h = 3.8\ \text{m}$。试绘制基础底部的正应力分布图。

**解** (1)计算危险截面内力。
基础底部截面 $m - m$ 上有轴力 $N$ 和弯矩 $M$,其数值分别为

$$N = -P_0 - P_1 - P_2 = -1920 - 2200 - 1200 = -5320\ (\text{kN})$$

$$M = T(8 + 3) = 300 \times 11 = 3300 \ (\text{kN} \cdot \text{m})$$

弯矩 $M$ 使基础底部左边受压、右边受拉。

（2）计算危险截面应力。

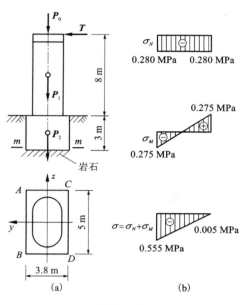

图 11 – 14

基底的截面面积为

$$A = b \times h = 5 \times 3.8 = 19 \ (\text{m}^2)$$

基底的抗弯截面系数为

$$W_z = \frac{bh^2}{6} = \frac{1}{6} \times 5 \times 3.8^2 = 12.03 \ (\text{m}^3)$$

由轴向压力引起的正应力为

$$\sigma_N = \frac{N}{A} = \frac{-5320 \times 10^3}{19} = -0.280 \times 10^6 (\text{N/m}^2) = -0.28 \ (\text{MPa})$$

由弯矩 $M$ 引起 $AB$、$CD$ 边缘线上的正应力为

$$\sigma_M = \mp \frac{M}{W_z} = \mp \frac{3300 \times 10^3}{12.03} = \mp 0.\,0.275 \times 10^6 \ \text{N/m}^2 = \mp 0.275 \ (\text{MPa})$$

所以，基底截面 $AB$ 边缘线上的正应力为

$$\sigma_{AB} = \sigma_N + \sigma_M = \frac{N}{A} - \frac{M}{W_z} = -0.280 - 0.275 = -0.555 \ (\text{MPa})$$

基底截面 $CD$ 边缘线上的正应力为

$$\sigma_{CD} = \sigma_N + \sigma_M = \frac{N}{A} + \frac{M}{W_z} = -0.280 + 0.275 = -0.005 \ (\text{MPa})$$

## 第四节　偏心压缩

作用在直杆上的外力作用线与杆轴平行而不重合时，杆件就受到偏心压缩（或偏心拉伸）。例如图11－15(a)中的柱子受到上部结构传来的荷载 $P$，其作用线与柱轴线间的距离为 $e$，柱子就产生了偏心压缩。这里的荷载 $P$ 叫做偏心力，$e$ 叫做偏心距。

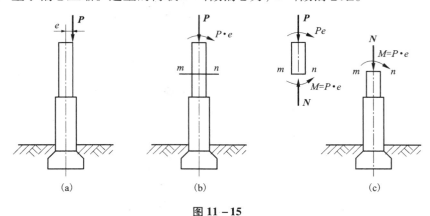

图11－15

### 一、偏心力的简化

为计算偏心受压柱的内力，可将偏心力 $P$ 向截面形心简化，得到轴向压力 $P$ 和一个力偶矩 $m = P \cdot e$ 的力偶[图11－15(b)]。

再用截面法求得任一横截面上的内力。在承受偏心压力的直杆中，**各横截面上的内力相等，它们是轴力 $N$ 和弯矩 $M$[图11－15(c)]。因为轴向力全为轴向压力，为方便计直接用 $-P$ 代表 $N$。**

由平衡条件可求得内力

$$N = P;$$
$$M = P \cdot e$$

可见，偏心压缩问题可视为轴向压缩和平面弯曲的叠加。

### 二、应力计算和强度条件

现在求横截面上任一点 $k$ 点的应力（图11－16）。$k$ 点的应力是轴向压缩的正应力 $\sigma_N$ 和平面弯曲的正应力 $\sigma_{Mz}$ 的叠加。轴向压缩时横截面上各点的应力相同，其值为

$$\sigma_N = -\frac{P}{A}$$

平面弯曲引起 $k$ 点的正应力为：

$$\sigma_{Mz} = -\frac{M_z}{I_z} \cdot y$$

$k$ 点的总正应力为：

$$\sigma = \sigma_N + \sigma_{Mz} = -\frac{P}{A} - \frac{M_z}{I_z}y$$

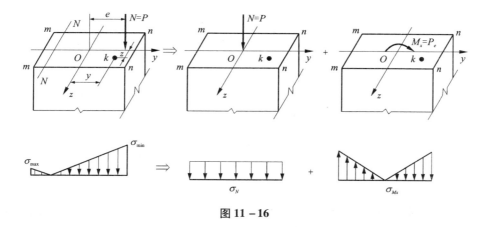

图 11 – 16

式中 $\sigma_{M_z}$ 的正负号可由变形情况判定：当 $k$ 点处于受拉区时取正号；反之取负号。

从图 11 – 16 中可以看出：最大压应力发生在距偏心力 $P$ 较近的截面边线 $n-n$ 上；最大拉应力发生在距偏心力较远的截面边线 $m-m$ 上，它们分别为

$$
\left.
\begin{aligned}
\sigma_{max} &= -\frac{P}{A} + \frac{M_z}{W_z} \\
\sigma_{min} &= -\frac{P}{A} - \frac{M_z}{W_z}
\end{aligned}
\right\}
\tag{11 – 7}
$$

偏心压缩的强度条件是

$$
\left.
\begin{aligned}
\sigma_{max} &= -\frac{P}{A} + \frac{M_z}{W_z} \leqslant [\sigma]_l \\
\sigma_{min} &= \left| -\frac{P}{A} - \frac{M_z}{W_z} \right| \leqslant [\sigma]_y
\end{aligned}
\right\}
\tag{11 – 8}
$$

图 11 – 16 中的偏心力 $P$ 通过截面的对称轴 $y$，叫做单向偏心压缩。从图中可见：单向偏心压缩时，中性轴是一条与 $z$ 轴平行的直线。在中性轴上正应力为零。

**例 11 – 4** 某工厂矩形柱的受荷情况如图 11 – 17 所示。由屋架传来的压力为 $P_1 = 100$ kN，由吊车梁传来的压力为 $P_2 = 30$ kN，$P_2$ 与柱轴线的偏心距 $e = 0.2$ m，柱的截面为矩形。已知截面宽度 $b = 200$ mm，试问要使柱截面不产生拉应力，截面高度 $h$ 应是多大？在计算确定了尺寸 $h$ 后，柱的最大压应力是多少？

**解** 将荷载 $P_2$ 向截面形心简化，柱的轴向压力为

$$P = P_1 + P_2 = 130 \text{ kN}$$

$P_2$ 平移后产生的附加力偶矩为

$$M_z = P_2 \cdot e = 30 \times 0.2 = 6 \text{ kN·m}$$

要使截面不产生拉应力，应满足 $\sigma_{max} \leqslant 0$，即

$$-\frac{P}{A} + \frac{M_z}{W_z} \leqslant 0$$

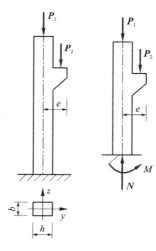

图 11 – 17

$$-\frac{130 \times 10^3}{0.2h} + \frac{6 \times 10^3}{\frac{0.2h^2}{6}} \leqslant 0$$

$$h \geqslant 0.277 \ (\text{m})$$

应取 $h = 0.28$ m。

当 $h = 0.28$ m 时，截面的最大压应力为

$$\sigma_{min} = -\frac{P}{A} - \frac{M_z}{W_z} = -\frac{130 \times 10^3}{0.2 \times 0.28} - \frac{6 \times 10^6}{\frac{0.2 \times 0.28^2}{6}}$$

$$= -4.62 \times 10^6 \ (\text{N/m}^2) = -4.62 \ (\text{MPa})$$

**例 11－5** 某圆形截面柱如图 11－18 所示，柱受上部结构传来的荷载 1600 kN，偏离柱中心 $e$ = 0.25 m，下部圆形混凝土基础埋深 2 m，直径为 3 m，基底下为砾石层，抗压强度 $[\sigma]_c = 0.35$ MPa，从正应力强度观点看，该柱能稳定吗？

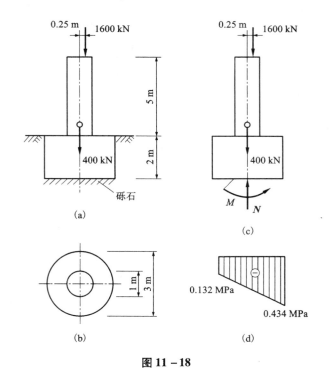

**图 11－18**

**解** （1）稳定分析。

基础稳定就整体稳定，且基础任一横截面上内力相等，故要基础稳定只要其底部压在砾石层上的压应力不超过砾石容许抗压强度，同时任何一侧不出现拉应力。基础底截面应力与砾石层受力互为作用与反作用，只需求出基底应力，反方向就是砾石层所受的压应力。

（2）计算基底截面上的应力。

基底面上有轴力 $N$ 和弯矩 $M$，其数值分别为

$$P = 400 + 1600 = 2000 \ (\text{kN})$$
$$M = 1600 \times 0.25 = 400 \ (\text{kN} \cdot \text{m})$$

弯矩 $M$ 使基础底部左边受拉、右边受压。

基底的截面面积为

$$A = \frac{\pi}{4} \times 3^3 = 7.065 \ (\text{m}^2)$$

基底的抗弯截面系数为

$$W_z = \frac{\pi}{32} d^3 = \frac{\pi}{32} \times 3^3 = 2.65 \ (\text{m}^3)$$

由轴向压力引起的正应力为

$$\sigma_N = -\frac{P}{A} = -\frac{2000 \times 10^3}{7.065} = -0.283 \times 10^6 (\text{N}/\text{m}^2)$$
$$= -0.283 \ (\text{MPa})$$

由弯矩 $M$ 引起左右两边缘线上的正应力为

$$\sigma_M = \pm \frac{M}{W_z} = \pm \frac{400 \times 10^3}{2.65} = \pm 0.151 \times 10^6 (\text{N}/\text{m}^2)$$
$$= \pm 0.151 \ (\text{MPa})$$

所以，基底截面左、右边缘线上的正应力为

$$\sigma_{左} = \sigma_N + \sigma_M = -\frac{P}{A} + \frac{M}{W_z} = -0.283 + 0.151 = -0.132 \ (\text{MPa})$$
$$\sigma_{右} = \sigma_N + \sigma_M = -\frac{P}{A} - \frac{M}{W_z} = -0.283 - 0.151 = -0.434 \ (\text{MPa})$$

（3）校核砾石层强度

砾石层所受压应力与柱底压应力互为作用与反作用，有

$$\sigma = |\sigma| = |-0.434| = 0.434 \ \text{MPa} > [\sigma]_c$$

故该柱不稳定，可能向右倾斜或翻倒。

## 三、讨论

图 11-19（a）是矩形截面的偏心受压柱，现在讨论其截面边缘线上的最大正应力 $\sigma_{max}$ 与偏心距 $e$ 之间的关系。

图 11-19（a）中：面积 $A = b \times h$；$W_z = \frac{bh^2}{6}$，将偏心力 $P$ 向截面形心简化[图 11-19（b）]，可得 $M_z = P \cdot e$。将以上各值代入式（11-7），得

$$\sigma_{max} = -\frac{P}{bh} + \frac{P \cdot e}{\frac{bh^2}{6}} = -\frac{P}{bh}(1 - \frac{6e}{h}) \qquad (11-9)$$

边线 $A-A$ 上的正应力 $\sigma_{max}$ 的正负号，由上式中 $(1 - \frac{6e}{h})$ 的符号决定。可能出现三种情况：

（1）若 $\frac{6e}{h} < 1$，即 $e < \frac{h}{6}$ 时，$\sigma_{max}$ 为压应力。截面全部受压，如图 11-19（c）所示。

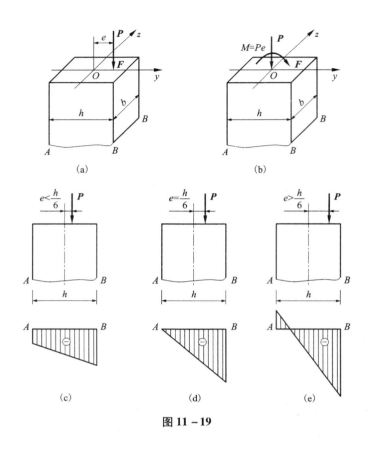

**图 11-19**

（2）若 $\dfrac{6e}{h}=1$，即 $e=\dfrac{h}{6}$ 时，$\sigma_{max}$ 为零。边线 $A-A$ 的正应力为零。截面全部受压。这时 $B-B$ 边线上的压应力正好等于轴向压应力的两倍，如图 11.17（d）所示，即

$$\sigma_{min}=-\frac{2P}{A}$$

（3）若 $\dfrac{6e}{h}>1$，即 $e>\dfrac{h}{6}$ 时，$\sigma_{max}$ 为拉应力。截面有一部分受拉、另一部分受压，应力分布如图 11-19（e）所示。

通过以上讨论可知，截面上的应力分布情况随偏心距 $e$ 的大小而变化，而与偏心荷载 $P$ 的大小无关。当偏心距较大时（$e>\dfrac{h}{6}$），截面上产生受拉区；当偏心距较小时（$e<\dfrac{h}{6}$），截面全部受压，不产生拉应力。

建筑工程中的柱多采用砖、石、混凝土等脆性材料制作，它们的抗拉强度都比较低，所以要控制荷载的偏心距不要太大，以避免出现拉应力。

## 四、截面核心

偏心受压杆横截面上的正应力分布情况随偏心距的变化而变化。当偏心距不太大时，横截面上不出现拉应力。建筑工程中大量使用的砖、石、混凝土等材料，抗拉强度很低，为避

免拉裂,要求截面上最好不出现拉应力。为此,偏心压力的作用点到形心的距离不可太大。当荷载作用在截面形心周围的一个区域内时,杆件横截面上只产生压应力而不出现拉应力,这个荷载作用的区域就叫做截面核心。

常见的圆形、矩形、工字形和槽形截面的截面核心如图 11 – 20 所示。

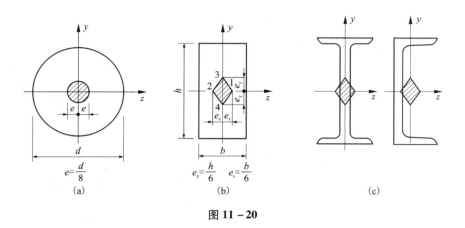

图 11 – 20

# 第十二章　压杆稳定

## 第一节　概述

在轴向拉伸与压缩杆件的强度计算中，我们研究等直杆受轴向压力时认为，只要压杆满足强度条件：

$$\sigma = \frac{N}{A} \leqslant [\sigma]$$

压杆就能正常工作。但在工程实际中发现这一结论对于粗短的压杆是正确的，对于细长的压杆，将导致错误的结果，在工程史上，曾多次发生过由于结构中某一根压杆在满足强度的情况下，突然产生弯曲，引起整个结构毁坏的事故，其中较有名的是 1907 年加拿大的魁北克铁桥，因桁架中一根受压杆件突然弯曲，使这座尚未竣工的大桥倒塌，这一事故，曾被称为 20 世纪科技史上的十大悲剧之一。

为了说明这一问题，我们来做一个实验。取两根横截面相同的木条，截面积 $A = 20 \times 5\ mm^2$，一根长为 40 mm，另一根长为 800 mm，如图 12 - 1 所示。对短的木条，若要用手将它压坏，显然是很困难的；但对长的木条，情况就不一样了，在不大的压力作用下，木条就会突然发生弯曲，当力继续增加，木条弯曲程度将逐渐增加，直至折断。上述现象说明细长的压杆丧失工作能力不是因强度不够，而是压杆不能保持原来的直线形状而突然弯曲的缘故。这种破坏现象称为压杆丧失稳定，简称失稳。

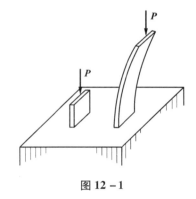

图 12 - 1

由于压杆丧失稳定是骤然发生的，事先难以觉察，往往造成严重的后果。所以，为了防止这类事故的发生。保证压杆处于稳定的工作状态，研究压杆稳定是必不可少的工作。

## 第二节　临界力和临界应力

### 一、稳定性概念

所谓压杆的稳定性，是指受压杆件其平衡状态的稳定性。为了说明平衡状态的稳定性，现以图 12 - 2 所示的小球三种平衡状态作比拟，对平衡状态的稳定性加以说明。小球在 $A$、$B$、$C$ 三个位置虽然都可以保持平衡，但这些平衡对干扰的反映能力不同。

图 12 - 2(a)所示小球在曲面槽内 A 的位置保持平衡，
这时若有一微小干扰力使小球离开 A 的位置，而干扰力消
失时，小球能回到原来的位置，继续在 A 处保持平衡，小
球在 A 处的平衡状态称稳定的平衡状态；图 12 - 2(b)的小
球在凸面顶处 B 的平衡状态则不同，当它受到干扰后，会
沿曲面滚下去，再也不会回到原来位置 B。小球在 B 处的
平衡状态称为不稳定的平衡状态。图 12 - 2(c)的小球在平
面 C 处的平衡状态，在受到干扰后，虽然干扰力马上消失，
小球不会回到原处，也不会继续滚动，而是在新的位置保
持了新的平衡，小球在 C 处的平衡状态称为临界平衡状
态。显然，小球的平衡从"稳定"的变到"不稳定"的，是与
曲面从凹变到凸有关，其间的分界线是平面，即临界状态
具有了不稳定状态的特点，所以可以视为是不稳定平衡状态的开始。

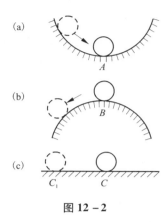

图 12 - 2

　　一根压杆的平衡状态，类似于小球，根据它对干扰力的承受能力也可区分为三种。如图
12 - 3(a)所示上端自由，下端固定的压杆。如图 12 - 3(b)当压力 P 不太大时，用一微小横
向力 Q 给以干扰，杆有微弯，当干扰力撤去，杆经几次摆动后，会恢复到原有的直线状态[图
12 - 3(b)]，因此说原来的直线平衡是稳定的。若压力 P 增大到临界值 $P_{cr}$ 时，横向干扰力 Q
使压杆弯曲，当把干扰力去掉，压杆仍停留在此时的弯曲状态，保持一种新的平衡[图 12 - 3
(c)]，则这种平衡状态是一种临界平衡状态。当压力 P 超过 $P_{cr}$ 后，在干扰力 Q 作用下，压
杆微弯曲，当干扰力撤去后，压杆弯曲还将会继续增大，直至杆弯曲折断[图 12 - 3(d)]，则
原来的直线平衡状态是一种不稳定平衡状态。

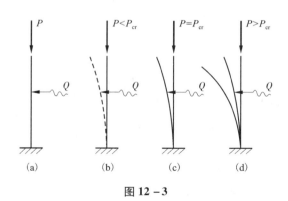

图 12 - 3

　　压杆直线形状平衡状态的稳定与杆受到的压力大小有关，当 $P \geq P_{cr}$ 是不稳定的，其特定
值 $P_{cr}$ 称为压杆的临界力。
　　工程实际中的压杆经常遇到干扰力的作用，如风力，周围物体的振动影响以及材料的不
均匀和制作误差都会形成相当于一种"干扰力"，在这些不可避免的干扰下，不稳定平衡的压
杆，即会发生"丧失稳定"的破坏。所以，对于压杆稳定性的研究，关键在于确定压杆的临界
力 $P_{cr}$。

## 二、临界力（欧拉公式）

轴向受压杆受到轴向力的作用时，在干扰力作用下会发生弯曲变形。但其轴向力刚好等于临界力时，在干扰力撤除后其变形不会继续发展，会维持在初始变形时的位置。因此，我们可以根据其初始变形，即受临界力和干扰力时的变形形状推导出临界力的计算公式。

首先考察图 12 -4(a)所示两端铰支的轴向受压杆的变形，并根据其变形和变形边界条件写出变形方程：

$$y = f \cdot \sin(\frac{\pi}{l}x) \qquad (a)$$

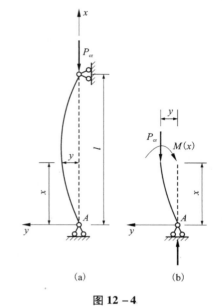

上式为半个正弦波的表达式，其中 $y$ 为任一截面处挠度，$f$ 为最大挠度。

$$x = 0, \ y = 0$$
$$x = l, \ y = 0$$
$$x = \frac{l}{2}, \ y = f$$

用截面法截取下部压杆作受力图如图 12 - 4(b)，写出平衡方程

$$\sum M_A = 0, \ P_{cr} \cdot y - M(x) = 0$$
$$P_{cr} \cdot y = M(x) \qquad (b)$$

上图受轴向压力产生的变形，从弯曲的角度来看，可以看作是由弯矩 $M(x)$ 引起的变形，根据第九章弯矩变形的微分方程有

$$EIy'' = -M(x) \qquad (c)$$

将(b)式代入(c)式得

$$EIy'' = -P_{cr} \cdot y \qquad (d)$$

图 12 - 4

再将(a)式代入(d)式并求二阶导数

$$EI\left[f \cdot \sin(\frac{\pi}{l}x)\right] = -P_{cr} \cdot f \cdot \sin(\frac{\pi}{l}x) \qquad EI \cdot f \cdot \frac{\pi^2}{l^2} \cdot \left[-\sin(\frac{\pi}{l}x)\right] = -P_{cr} \cdot f \cdot \sin(\frac{\pi}{l}x)$$

$$P_{cr} = \frac{\pi^2 EI}{l^2} \qquad (12 - 1)$$

式(12 - 1)中的惯性矩 $I$ 由弯曲变形知，弯曲应首先发生在抗弯能力较弱的一方，所以应为 $I_{min}$。再考察压杆两端在其他不同约束情况下的变形，分别根据变形和变形边界条件写出其半个正弦波长杆的变形方程，再二次求导得出各种情况下的临界力计算公式(推导略)。

现将各种约束情况压杆变形波长图及临界力推导结果列于表 12 - 1 中供查用。

从表 12 - 1 中可知，各种约束临界力计算公式只是分母中 $l$ 前边的系数不同，因之，临界力公式可写成下面统一形式

$$P_{cr} = \frac{\pi^2 EI_{min}}{(\mu l)^2} \qquad (12 - 2)$$

式中：$\mu l$ 称为计算长度，$\mu$ 称为长度系数。上式为欧拉公式，原推导用的是解常微分方程法，

较难。

表 12 - 1　不同支座压杆临界力

| 支座情况 | 一端固定一端自由 | 两端铰支 | 一端固定一端铰支 | 两端固定 |
|---|---|---|---|---|
| 轴向受压杆 | | | | |
| 长度系数 | $\mu = 2$ | $\mu = 1$ | $\mu = 0.7$ | $\mu = 0.5$ |
| 临界力 | $P_{cr} = \dfrac{\pi^2 E I_{min}}{(2l)^2}$ | $P_{cr} = \dfrac{\pi^2 E I_{min}}{l^2}$ | $P_{cr} = \dfrac{\pi^2 E I_{min}}{(0.7l)^2}$ | $P_{cr} = \dfrac{\pi^2 E I_{min}}{(0.5l)^2}$ |

**例 12 - 1**　一端固定，一端自由的细长轴心受压杆，长度 $l = 1$ m，弹性模量 $E = 2.0 \times 10^5$ MPa，试分别计算图 12 - 6(b)(c)所示两种截面的临界力。

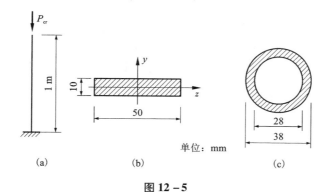

单位: mm

(a)　　　　(b)　　　　(c)

图 12 - 5

**解**　已知杆为细长压杆

(1)计算矩形截面。杆件在最小抗弯刚度平面内失稳

$$I_{min} = I_Z = \frac{bh^3}{12} = \frac{50 \times 10^3}{12} \text{ mm}^4 = 4.17 \times 10^3 \text{ mm}^4$$

$$P_{cr} = \frac{\pi^2 EI}{(\mu l)^2} = \frac{\pi^2 \times 2.0 \times 10^5 \text{ (N/mm}^2) \times 4.17 \times 10^3 \text{ mm}^4}{(2 \times 1000 \text{ mm})^2} = 2020 \text{ N} = 2.02 \text{ kN}$$

(2)计算圆环截面

$$I_{min} = \frac{\pi}{64}(D^4 - d^4) = \frac{\pi}{64}(38^4 - 28^4) \text{ mm}^4 = 72600 \text{ mm}^4$$

$$P_{cr} = \frac{\pi^2 E I_{min}}{(\mu l)^2} = \frac{\pi^2 \times 2.0 \times 10^5 (\text{N/mm}^2) \times 72600 \text{ mm}^4}{(2 \times 1000 \text{ mm})^2}$$
$$= 35.3 \times 10^3 \text{ N} = 35.3 \text{ kN}$$

例中两种截面的面积接近相等，但临界力相差很大，这是因为各截面形式不同，最小惯性矩差别很大。

### 三、临界应力

在临界力的作用下，细长压杆横截面上的平均应力叫做压杆的临界应力。临界应力用 $\sigma_{cr}$ 表示。若压杆的横截面面积为 $A$，则临界应力为

$$\sigma_{cr} = \frac{P_{cr}}{A} = \frac{\pi^2 E I_{min}}{(\mu l)^2 \cdot A} \tag{12-3}$$

上式中最小惯性矩 $I_{min}$ 和横截面面积 $A$ 都是与截面形状和尺寸有关的几何量。令

$$\frac{I_{min}}{A} = i_{min}^2$$

则有

$$i_{min} = \sqrt{\frac{I_{min}}{A}}$$

上式中 $i_{min}$ 叫做最小惯性半径，其单位是 m 或 mm。于是，临界应力的计算公式可写为

$$\sigma_{cr} = \frac{\pi^2 E i_{min}^2}{(\mu l)^2} = \frac{\pi^2 E}{\left(\dfrac{\mu l}{i_{min}}\right)^2} \tag{12-4}$$

上式中计算长度 $\mu l$ 和最小惯性半径 $i_{min}$ 都是反映压杆几何性质的量，工程上取 $\mu l$ 与 $i_{min}$ 的比值来表示压杆细长程度，叫做压杆的柔度或长细比—柔度。柔度用 $\lambda$ 表示，是无量钢的量。

$$\lambda_{max} = \frac{\mu l}{i_{min}} \tag{12-5}$$

于是临界应力的计算公式可简化为

$$\sigma_{cr} = \frac{\pi^2 E}{\lambda_{max}^2} \tag{12-6}$$

压杆的柔度 $\lambda_{max}$ 综合反映了杆长，约束条件，截面尺寸和形状对临界应力的影响。

式(12-6)是欧拉公式的另一种形式。从式中可以看出，对同一种材料的压杆而言，其临界应力与最大柔度的平方成反比。柔度愈大，临界应力愈小，即压杆的稳定性愈差。

### 四、欧拉公式的适用范围

欧拉公式是在材料服从胡克定律条件下导出的，因此，压杆的临界应力不应超过材料的比例极限 $\sigma_p$。欧拉公式的适用条件可表达为

$$\sigma_{cr} = \frac{\pi^2 E}{\lambda_{max}^2} \leq \sigma_p \tag{12-7}$$

当 $\sigma_{cr} = \sigma_p$ 时，则有

$$\lambda_p = \sqrt{\frac{\pi^2 E}{\sigma_p}}$$

$\lambda_p$ 就是某一种材料的细长压杆，用欧拉公式确定临界应力时的柔度最小值，叫做极限柔度。所以欧拉公式的适用范围用柔度表达的形式是

$$\lambda_{max} \geq \lambda_p = \sqrt{\frac{\pi^2 E}{\sigma_p}} \qquad (12-8)$$

式（12-8）就是欧拉公式的适用范围的数学表达式。只有满足该式时，才能用欧拉公式计算压杆的临界力或临界应力。$\lambda_{max}$ 大于 $\lambda_p$ 的压杆称为大柔度杆，由此可知，欧拉公式只适用于较细长的大柔度杆。

$\lambda_p$ 的大小与材料的力学性能有关，不同的材料的 $\lambda_p$ 值不同。例如，Q235 钢，若取 $E = 2.1 \times 10^5$ MPa，$\sigma_p = 200$ MPa 其 $\lambda_p$ 则为

$$\lambda_p = \pi \sqrt{\frac{2.06 \times 10^5}{200}} \approx 100$$

这就是说，Q235 钢制成的压杆，只有当 $\lambda \geq 100$ 时才能运用欧拉公式。对于铸铁，$\lambda_p$ 大约在 80 左右；对于松木，$\lambda_p$ 大约为 60 左右。将临界应力公式中的 $\sigma_{cr}$ 与 $\lambda_{max}$ 间的函数关系用曲线来表示将如图 12-6 所示，图中的实线部分为欧拉公式适用范围的曲线，曲线之虚线部分因临界应力超过了材料的比例极限，欧拉公式已不再适用，所以没有意义。

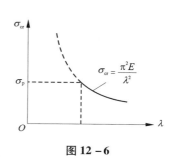

图 12-6

**例 12-2** 有一长 $l = 3.6$ m 的压杆，截面为 No20a 工字钢，一端固定，一端铰支，材料为 Q235 钢，$E = 2 \times 10^5$ MPa，如图 12-7 所示，试计算压杆的临界力和临界应力。

**解** （1）计算 $\lambda_{max}$

压杆一端铰支，一端固定时 $\mu = 0.7$。$I_y$、$I_z$ 为形心主惯性矩，$I_{min} = I_y$ 压杆失稳则以 $y$ 轴为中性轴发生弯曲变形。查型钢表得：

$i_y = 2.12$ cm，$I_y = 158$ cm$^4$，$A = 35.5$ cm$^2$

$$\lambda_{max} = \frac{\mu l}{i} = \frac{0.7 \times 3600 \text{ mm}}{21.2 \text{ mm}} = 119 > \lambda_p = 100$$

压杆为细长杆，可用欧拉公式计算临界力。

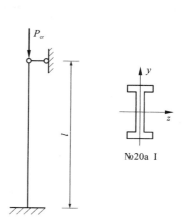

图 12-7

（2）计算 $P_{cr}$

$$P_{cr} = \frac{\pi^2 E I_{min}}{(\mu l)^2} = \frac{\pi^2 \times 2.1 \times 10^5 \text{ N/mm}^2 \times 158 \times 10^4 \text{ mm}^4}{(0.7 \times 3.6 \times 10^3 \text{ mm})^2}$$
$$= 515.69 \times 10^3 (\text{N}) = 515.69 \text{ kN}$$

（3）计算 $\sigma_{cr}$

$$\sigma_{cr} = \frac{P_{cr}}{A} = \frac{515.69 \times 10^3 \text{ N}}{35.5 \times 10^2 \text{ mm}^2} = 145.26 \text{ MPa} \qquad (\text{或由 } \sigma_{cr} = \frac{\pi^2 E}{\lambda^2} \text{ 计算})$$

**例 12-3** 图 12-8 为一压杆示意图,其两端支承情况为:上端定向支承,下端固定。已知杆为木材,$l = 3$ m,$D = 60$ mm,材料的弹性模量 $E = 10 \times 10^3$ MPa,试计算该压杆的临界力。

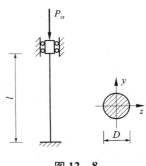

图 12-8

**解** 先计算压杆长细比,判断是否为细长杆

$$\lambda_{max} = \frac{\mu l}{i} = \frac{\mu l}{\frac{D}{4}} = \frac{0.5 \times 3000 \text{ mm}}{\left(\frac{60}{4}\right) \text{ mm}} = 100 > 60$$

压杆是长细杆。

临界力为:

$$P_{cr} = \frac{\pi^2 EI_{min}}{(\mu l)^2} = \frac{\pi^2 \times 10 \times 10^3 \dfrac{\text{N}}{\text{mm}^2} \times \dfrac{\pi}{64} \times 60^4 \text{ mm}^4}{(0.5 \times 3000 \text{ mm})^2}$$

$$= 27863.2 \text{ N} \approx 27.86 \text{ kN}$$

## 第三节 临界应力总图

前节已指出,欧拉公式只适用于大柔度杆,即临界应力不能超过材料的比例极限(称弹性稳定),当临界应力超过比例极限时,材料将处于弹塑性阶段,此类压杆的稳定称弹塑性稳定。对这类压杆各国大都采用经验公式计算临界应力或临界力。经验公式是在试验和实践资料的基础上,经分析、归纳而得到的,各国采用的经验公式多以本国的试验为依据,因之不尽相同。我国根据自己的试验资料采用了下列抛物线临界应力经验公式。

$$\sigma_{cr} = a - b\lambda^2 \tag{12-9}$$

式中 $\lambda$ 为压杆的长细比最大值,即 $\lambda_{max}$,$a$、$b$ 为与材料有关的常数,其随材料之不同而不同。例如:

Q235 钢                        $\sigma_{cr} = (235 - 0.0068\lambda^2)$ MPa

16 锰钢                       $\sigma_{cr} = (343 - 0.0142\lambda^2)$ MPa

由该式算得临界应力的单位为 MPa。同时,可由 $P_{cr} = \sigma_{cr} \cdot A$ 计算出临界力。

由本节及前节可知,压杆不论处于弹性阶段还是弹塑性阶段,其临界应力均为杆之长细比的函数,临界应力 $\sigma_{cr}$ 与长细比 $\lambda$ 的关系曲线称为临界应力总图。

图 12-9 为 Q235 钢的临界应力总图。图中,曲线 $BC$ 是按欧拉公式绘制的(双曲线),曲线 $DC$ 是按经验公式绘制的(抛物线),二曲线交于 $C$ 点,$C$ 点的横坐标为 $\lambda_C = 123$,纵坐标为 $\sigma_C = 134$ MPa,这里以 $\lambda_C = 123$,而不是以 $\lambda_p = 100$ 作为二曲线的分界点,这是因为欧拉公式是以理想的中心受压情况导出的,其与实际存在着

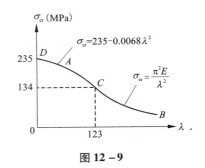

图 12-9

差异,因而将分界点作了修正,这样更能反映压杆的实际情况。所以,在实用中,对 Q235 钢制成的压杆,当 $\lambda \geq \lambda_C$ ( $= 123$)时才按欧拉公式计算临界应力(或临界力),而 $\lambda < 123$ 时,用

经验公式算之。

对于 16 号锰钢，其临界应力总图中，欧拉曲线与抛物线分界点处的长细比 $\lambda_c = 102$，相应的临界应力为 $\sigma_c = 195$ MPa。

<h2 style="text-align:center">第四节　压杆的稳定性计算</h2>

### 一、稳定条件

当压杆中的压应力达到其临界应力时，压杆将要丧失稳定，因之，正常工作的压杆，其横截面上的压应力应小于临界应力。在工程中，为了保证压杆具有足够的稳定性，还必须考虑一定的安全储备，这就要求横截面上的应力不能超过压杆的临界应力的许用值 $[\sigma_{cr}]$，即

$$\sigma = \frac{P}{A} \leqslant [\sigma_{cr}] \tag{12-10}$$

式中 $\sigma$ 为工作应力，$[\sigma_{cr}]$ 为临界应力的许用值，其值为

$$[\sigma_{cr}] = \frac{\sigma_{cr}}{n_{st}}$$

式中 $[n]_{st}$ 为稳定安全系数。

稳定安全系数通常大于强度计算时的安全系数，因为与强度安全系数比较，还应考虑实际压杆存在制造误差，微小初弯曲等因素，压杆并非理想的轴向压杆等。

在压杆的稳定计算中，可将临界应力的容许值写成下列形式：

$$[\sigma_{cr}] = \frac{\sigma_{cr}}{n_{st}} = \varphi[\sigma] \tag{12-11}$$

由该式可知：

$$\varphi = \frac{\sigma_{cr}}{n_{st} \cdot [\sigma]}$$

式中，$[\sigma]$ 为强度计算时的许用应力，$\varphi$ 称为折减系数，且 $0 \leqslant \varphi \leqslant 1$，当 $[\sigma]$ 一定时，$\varphi$ 决定于 $\sigma_{cr}$ 与 $[n]_{st}$。由于临界应力 $\sigma_{cr}$ 值随压杆的长细比 $\lambda_{max}$ 而改变，而不同长细比的压杆一般又规定取不同的安全系数，所以折减系数 $\varphi$ 是长细比 $\lambda_{max}$ 的函数，即当材料一定，$\varphi$ 值仅决定于 $\lambda_{max}$ 值，在表 12-2 中，列出了 Q235 钢，16 锰钢和木材的折减系数。在我国钢结构设计规范中，还将压杆截面分成 $a$、$b$、$c$ 三类，考虑了截面形状，尺寸和加工条件所决定的残余应力对压杆临界状态应力的影响。

应该明确，$[\sigma_{cr}]$ 与 $[\sigma]$ 虽然都是"许用应力"，但二者含义却有很大的不同。$[\sigma_{cr}]$ 除与材料有关外，还与压杆的长细比 $\lambda_{max}$ 有关，因此，相同的材料制成的 $\lambda_{max}$ 不同的压杆，其 $[\sigma_{cr}]$ 值是各不相同的。

将式 (12-11) 代入 (12-10)，则有

$$\sigma = \frac{P}{A} \leqslant \varphi[\sigma] \tag{12-12}$$

此式即为压杆需满足的稳定条件，由于 $\varphi$ 可依 $\lambda_{max}$ 值直接从表 12-2 中查到，按式 (12-12) 进行稳定计算时，十分简便。此方法又称为实用计算法。

在稳定计算中，压杆的横截面面积 $A$ 采用所谓"毛面积"，即当横截面有局部削弱（如钉

孔等)时,可不予考虑,仍采用未削弱之面积,因为压杆的稳定性取决于整个杆的弯曲刚度,截面的局部削弱对整体刚度的影响甚微,但对削弱处应进行强度验算。

表 12 - 2　折减系数 $\varphi$

| $\lambda$ | $\varphi$ | | | $\lambda$ | $\varphi$ | | |
|---|---|---|---|---|---|---|---|
| | Q235 钢 | 16Mn 钢 | 木材 | | Q235 钢 | 16Mn 钢 | 木材 |
| 0 | 1.00 | 1.00 | 1.00 | 110 | 0.536 | 0.384 | 0.248 |
| 10 | 0.995 | 0.993 | 0.971 | 120 | 0.466 | 0.325 | 0.208 |
| 20 | 0.981 | 0.973 | 0.932 | 130 | 0.401 | 0.279 | 0.178 |
| 30 | 0.958 | 0.940 | 0.883 | 140 | 0.349 | 0.242 | 0.153 |
| 40 | 0.927 | 0.895 | 0.822 | 150 | 0.306 | 0.213 | 0.133 |
| 50 | 0.888 | 0.840 | 0.751 | 160 | 0.272 | 0.188 | 0.117 |
| 60 | 0.842 | 0.776 | 0.668 | 170 | 0.243 | 0.168 | 0.104 |
| 70 | 0.789 | 0.705 | 0.575 | 180 | 0.218 | 0.151 | 0.093 |
| 80 | 0.731 | 0.627 | 0.470 | 190 | 0.197 | 0.136 | 0.083 |
| 90 | 0.669 | 0.546 | 0.370 | 200 | 0.180 | 0.124 | 0.075 |
| 100 | 0.604 | 0.462 | 0.300 | | | | |

### 二、稳定计算

用稳定条件式(12 - 12)进行压杆稳定计算时:因表中包括了细长杆及非细长杆的 $\varphi$ 值,所以**不需要区分压杆是否是细长杆**;与强度条件类似,应用稳定条件可进行稳定方面的三种计算。

1. 校核压杆的稳定性

首先按压杆的支承情况确定 $\mu$ 值,然后由已知的截面形状和尺寸,计算截面面积 $A$,最小惯性矩 $I_{min}$,最小惯性半径 $i_{min}$,由此确定 $\lambda_{max}$。再依据压杆的材料及求得的 $\lambda_{max}$ 值,从表 12 - 2 中查出相应的 $\varphi$ 值。最后验算是否满足 $\sigma = \dfrac{P}{A} \leqslant \varphi[\sigma]$ 稳定条件。

**例 12 - 4**　如图 12 - 10 所示千斤顶。已知丝杆材料为 Q235 钢,许用应力 $[\sigma] = 160$ MPa,最大起重量要求 $P = 80$ kN。试校核丝杆的稳定性。

**解**　(1)首先计算 $\lambda_{max}$

螺杆因底盘大不容易翻,可粗略地简化为下端固定、上端自由的压杆,故长度系数为 2。其最小惯性半径

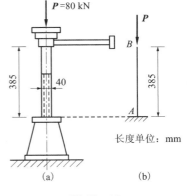

图 12 - 10

$$i_{min} = \sqrt{\frac{I_{min}}{A}} = \sqrt{\frac{\pi}{64}d^4 \Big/ \frac{\pi}{4}d^2} = \frac{d}{4} = \frac{40}{4} = 10 \text{ mm}$$

$$\lambda_{\max} = \frac{\mu l}{i_{\min}} = \frac{2 \times 385 \text{ mm}}{10 \text{ mm}} = 77$$

（2）然后查表得 $\varphi$ 值

$$\lambda = 70，\varphi = 0.789；\lambda = 80，\varphi = 0.731$$

$\lambda = 77$ 时

$$\varphi = 0.789 - \frac{0.789 - 0.731}{80 - 70}(77 - 70) = 0.7484$$

$$\left[ 或 \varphi = 0.731 + \frac{0.789 - 0.731}{80 - 70}(80 - 77) = 0.7484 \right]$$

（3）校核丝杆稳定性

$$\varphi[\sigma] = 0.7484 \times 160 = 119.74 \text{ MPa}$$

$$A = \frac{\pi}{4}d^2 = \frac{3.14}{4} \times 40^2 \text{ mm}^2 = 1257 \text{ mm}^2$$

$$\sigma = \frac{P}{A} = \frac{80 \times 10^3 \text{ N}}{1257 \text{ mm}^2} = 63.64 \text{ MPa} < \varphi[\sigma]$$

所以丝杆满足稳定性条件

2. 确定许用荷载

先根据压杆支承情况确定 $\mu$ 值，然后由压杆截面形状和尺寸计算出 $A$、$I_{\min}$、$i_{\min}$ 及 $\lambda_{\max}$ 值。再由 $\lambda_{\max}$ 查表得出 $\varphi$ 值，最后按稳定条件计算 $P$：

$$P \leq A \cdot \varphi[\sigma] \tag{12-13}$$

**例 12-5**　图 12-11（a）所示承载结构中，$BD$ 杆为正方形截面的木材，边长 $a = 10$ cm，木材的许用应力 $[\sigma] = 10$ MPa，试从 $BD$ 杆的稳定考虑，计算该结构所能承受的最大荷载 $F_{\max}$。

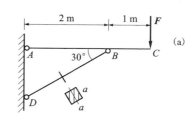

**解**　（1）首先求出外载 $F$ 与 $BD$ 杆所受压力间的关系。

考虑 $AC$ 杆平衡

$$\sum M_A = 0 \quad R_{BD} \times \sin 30° \times 2 \text{ m} - F \times 3 \text{ m} = 0$$

$$F = \frac{1}{3}R_{BD}$$

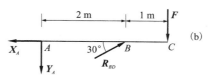

（2）依稳定条件求压杆 $BD$ 能承受的最大压力

$$A = a^2 = 100^2 \text{ mm}^2 = 10000 \text{ mm}^2$$

依结构图可算得 $BD$ 杆的长度

$$l_{BD} = \frac{2 \text{ m}}{\cos 30°} = \frac{2 \text{ m}}{\sqrt{3}/2} = 2.31 \text{ m}$$

$BD$ 压杆的最小惯性半径

$$i_{\min} = \sqrt{\frac{I}{A}} = \sqrt{\frac{a \times a^3}{12} \Big/ a^2} = \frac{a}{\sqrt{12}}$$

$$= \frac{100 \text{ mm}}{\sqrt{12}} = 28.87 \text{ mm}$$

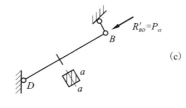

**图 12-11**

$$\lambda_{max} = \frac{\mu l_{BD}}{i_{BD}} = \frac{1 \times 2.31 \times 10^3 \text{ mm}}{28.87 \text{ mm}} = 80$$

依 $\lambda = 80$ 查表得 $\varphi = 0.470$

$$R'_{BD} = A \cdot \varphi[\sigma] = 10000 \text{ mm}^2 \times 0.470 \times 10 \text{ N/mm}^2 = 47 \times 10^3 \text{ N} = 47 \text{ kN}$$

由 $R_{BD}$ 求 $F_{max}$

$$F_{max} = \frac{1}{3} R_{BD} = \frac{1}{3} \times R'_{BD} = \frac{1}{3} \times 47 = 15.7 \text{ kN}$$

## 第五节　提高压杆稳定的措施

由以上各节可知，压杆的临界力或临界应力的大小，反映了压杆失稳的难易。临界力或临界应力大，就表示压杆不易失稳。因此，要提高压杆抵抗失稳的能力，就要提高压杆的临界力或临界应力。由压杆的临界应力总图可见。压杆的临界应力与材料的力学性能及压杆的柔度等因素有关，而柔度又综合反映了压杆的长度($l$)、约束条件($\mu$)和横截面的形状和尺寸($i_{min}$)等因素的影响。因此，可以根据上述这些因素，采取适当的措施来达到提高压杆抵抗失稳能力的目的。

1. 采用 $i_{min}$ 值较大的截面形状

由于临界应力随柔度 $\lambda_{max}$ 的减小而增大，而 $\lambda_{max}$ 又与惯性半径 $i_{min}$ 成反比，故当截面面积一定时，应尽可能采用 $i_{min}$ 值较大的截面形状。如在工程上常采用空心截面，将材料尽量布置在远离截面形心主轴处，如将图 12 - 12(a)、(b)实心截面改为空心截面(c)、(d)的形式。在采用组合截面时，如图 12 - 13 所示由四根角钢组成的立柱，角钢应布置在截面的四周[图 12 - 13(a)]，而不是集中地布置在截面形心轴的附近[图 12 - 13(b)]。

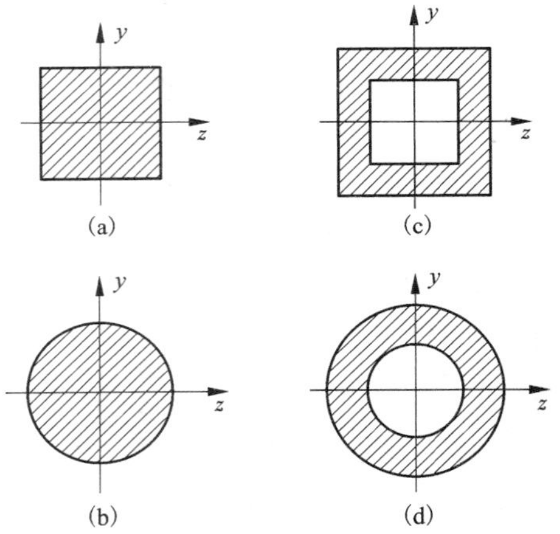


**图 12 - 12**

2. 采用 $I_y$ 接近 $I_z$ 的截面形状

通常情况下，压杆两端在各个方向的支承情况相同，即 $\mu$ 值相同，压杆总是绕 $I_{min}$ 值小的形心主轴弯曲失稳。因此当截面面积一定时，尽量使截面对两个形心主轴的惯性矩相等(即 $I_y = I_z$)或接近的截面形式。如采用圆形、正方形一类的截面。又如图 12 - 14 所示两根槽钢组成的压杆，按图(b)的布置，调整了两根槽钢间距使其达到了 $I_y = I_z$，这样，压杆在两个方向的稳定性相同，故图(b)比图(a)布置好。

当压杆两端的支承情况在两个方向不同时，即 $\mu$ 值不相同，则采用 $I_y$ 和 $I_Z$ 不等的截面与相应的约束条件配合以达到 $\lambda_y = \lambda_z$，从而达到在两个方向上抵抗失稳的能力相等或接近的目的。

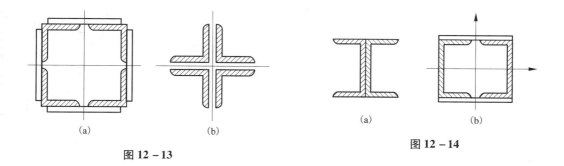

图 12 – 13　　　　　　　图 12 – 14

## 3. 减小压杆的长度

在其他条件相同的情况下，杆长 $l$ 越小，则 $\lambda_{max}$ 值越小，临界应力就越大，抵抗失稳的能力就越高，因此，在条件允许情况下，应尽量减小其长度。如图 12 – 15（a）所示两端铰支的压杆，在不妨碍其正常工作的情况下，在杆中间增加一链杆支座［图 12 – 15（b）］，这样，压杆的长度缩短为原来的一半，柔度为原来的一半，而临界应力是原来四倍，稳定性提高了四倍。

## 4. 改善支承情况

因压杆两端支承越牢固，长度系数 $\mu$ 就越小，则柔度 $\lambda_{max}$ 值也小，从而临界应力就越大。故采用 $\mu$ 值小的支承形式可提高压杆的稳定性。

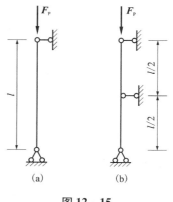

图 12 – 15

## 5. 材料方面

对于 $\lambda_{max} \geq \lambda_P$ 的细长杆，临界应力 $\sigma_{cr} = \pi^2 2E/\lambda_{max}^2$。从式中可知，压杆材料的弹性模量 $E$ 大，则压杆的临界应力 $\sigma_{cr}$ 越大，故可选用 $E$ 值较大的材料能提高压杆的稳定性。对于 $E$ 值大致相同的材料，如合金钢与 Q235 钢，就没有必要选用合金钢高强度材料了，否则造成浪费。

# 附录　型钢规格表

## 表1　热轧等边角钢（GB 9787—1988）

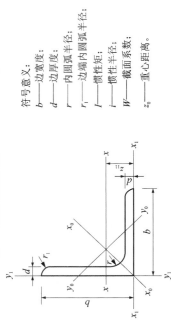

符号意义:
$b$——边宽度;
$d$——边厚度;
$r$——内圆弧半径;
$r_1$——边端内圆弧半径;
$I$——惯性矩;
$i$——惯性半径;
$W$——截面系数;
$z_0$——重心距离。

| 角钢号数 | 尺寸/mm $b$ | 尺寸/mm $d$ | 尺寸/mm $r$ | 截面面积/cm² | 理论重量/(kg·m⁻¹) | 外表面积/(m²·m⁻¹) | $x-x$ $I_x$/cm⁴ | $x-x$ $i_x$/cm | $x-x$ $W_x$/cm³ | $x_0-x_0$ $I_{x_0}$/cm⁴ | $x_0-x_0$ $i_{x_0}$/cm | $x_0-x_0$ $W_{x_0}$/cm³ | $y_0-y_0$ $I_{y_0}$/cm⁴ | $y_0-y_0$ $i_{y_0}$/cm | $y_0-y_0$ $W_{y_0}$/cm³ | $x_1-x_1$ $I_{x_1}$/cm⁴ | $z_0$/cm |
|---|---|---|---|---|---|---|---|---|---|---|---|---|---|---|---|---|---|
| 2 | 20 | 3 | 3.5 | 1.132 | 0.889 | 0.078 | 0.40 | 0.59 | 0.29 | 0.63 | 0.75 | 0.45 | 0.17 | 0.39 | 0.20 | 0.81 | 0.60 |
|  | 20 | 4 |  | 1.459 | 1.145 | 0.077 | 0.50 | 0.58 | 0.36 | 0.78 | 0.73 | 0.55 | 0.22 | 0.38 | 0.24 | 1.09 | 0.64 |
| 2.5 | 25 | 3 |  | 1.432 | 1.124 | 0.098 | 0.82 | 0.76 | 0.46 | 1.29 | 0.95 | 0.73 | 0.34 | 0.49 | 0.33 | 1.57 | 0.73 |
|  | 25 | 4 |  | 1.859 | 1.459 | 0.097 | 1.03 | 0.74 | 0.59 | 1.62 | 0.93 | 0.92 | 0.43 | 0.48 | 0.40 | 2.11 | 0.76 |
| 3.0 | 30 | 3 | 4.5 | 1.749 | 1.373 | 0.117 | 1.46 | 0.91 | 0.68 | 2.31 | 1.15 | 1.09 | 0.61 | 0.59 | 0.51 | 2.71 | 0.85 |
|  | 30 | 4 |  | 2.276 | 1.786 | 0.117 | 1.84 | 0.90 | 0.87 | 2.92 | 1.13 | 1.37 | 0.77 | 0.58 | 0.62 | 3.63 | 0.89 |
| 3.6 | 36 | 3 |  | 2.109 | 1.656 | 0.141 | 2.58 | 1.11 | 0.99 | 4.09 | 1.39 | 1.61 | 1.07 | 0.71 | 0.76 | 4.68 | 1.00 |
|  | 36 | 4 |  | 2.756 | 2.163 | 0.141 | 3.29 | 1.09 | 1.28 | 5.22 | 1.38 | 2.05 | 1.37 | 0.70 | 0.93 | 6.25 | 1.04 |
|  | 36 | 5 |  | 3.382 | 2.654 | 0.141 | 3.95 | 1.08 | 1.56 | 6.24 | 1.36 | 2.45 | 1.65 | 0.70 | 1.09 | 7.84 | 1.07 |

参数数值

续表1

| 角钢号数 | 尺寸/mm | | | 截面面积/cm² | 理论重量/(kg·m⁻¹) | 外表面积/(m²·m⁻¹) | 参考数值 | | | | | | | | | | | |
|---|---|---|---|---|---|---|---|---|---|---|---|---|---|---|---|---|---|
| | | | | | | | $x-x$ | | | $x_0-x_0$ | | | $y_0-y_0$ | | | $x_1-x_1$ | $z_0$ | |
| | $b$ | $d$ | $r$ | | | | $I_x$/cm⁴ | $i_x$/cm | $W_x$/cm³ | $I_{x0}$/cm⁴ | $i_{x0}$/cm | $W_{x0}$/cm³ | $I_{y0}$/cm⁴ | $i_{y0}$/cm | $W_{y0}$/cm³ | $I_{x1}$/cm⁴ | $z_0$/cm |
| 4.0 | 40 | 3 | 5 | 2.359 | 1.852 | 0.157 | 3.59 | 1.23 | 1.23 | 5.69 | 1.55 | 2.01 | 1.49 | 0.79 | 0.96 | 6.41 | 1.09 |
| | | 4 | | 3.086 | 2.422 | 0.157 | 4.60 | 1.22 | 1.60 | 7.29 | 1.54 | 2.58 | 1.91 | 0.79 | 1.19 | 8.56 | 1.13 |
| | | 5 | | 3.791 | 2.976 | 0.156 | 5.53 | 1.21 | 1.96 | 8.76 | 1.52 | 3.01 | 2.30 | 0.78 | 1.39 | 10.74 | 1.17 |
| 4.5 | 45 | 3 | 5 | 2.659 | 2.088 | 0.177 | 5.17 | 1.40 | 1.58 | 8.20 | 1.76 | 2.58 | 2.14 | 0.90 | 1.24 | 9.12 | 1.22 |
| | | 4 | | 3.486 | 2.736 | 0.177 | 6.65 | 1.38 | 2.05 | 10.56 | 1.74 | 3.32 | 2.75 | 0.89 | 1.54 | 12.18 | 1.26 |
| | | 5 | | 4.292 | 3.369 | 0.176 | 8.04 | 1.37 | 2.51 | 12.74 | 1.72 | 4.00 | 3.33 | 0.88 | 1.81 | 15.25 | 1.30 |
| | | 6 | | 5.076 | 3.985 | 0.176 | 9.33 | 1.36 | 2.95 | 14.76 | 1.70 | 4.64 | 3.89 | 0.88 | 2.06 | 18.36 | 1.33 |
| 5 | 50 | 3 | 5.5 | 2.971 | 2.332 | 0.197 | 7.18 | 1.55 | 1.96 | 11.7 | 1.96 | 3.22 | 2.98 | 1.00 | 1.57 | 12.50 | 1.34 |
| | | 4 | | 3.897 | 3.059 | 0.197 | 9.26 | 1.54 | 2.56 | 14.70 | 1.94 | 4.16 | 3.82 | 0.99 | 1.96 | 16.69 | 1.38 |
| | | 5 | | 4.803 | 3.770 | 0.196 | 11.21 | 1.53 | 3.13 | 17.79 | 1.92 | 5.03 | 4.64 | 0.98 | 2.31 | 20.90 | 1.42 |
| | | 6 | | 5.688 | 4.465 | 0.196 | 13.05 | 1.52 | 3.68 | 20.68 | 1.91 | 5.85 | 5.42 | 0.98 | 2.63 | 25.14 | 1.46 |
| 5.6 | 56 | 3 | 6 | 3.343 | 2.624 | 0.221 | 10.19 | 1.75 | 2.48 | 16.14 | 2.20 | 4.08 | 4.24 | 1.13 | 2.02 | 17.56 | 1.48 |
| | | 4 | | 4.390 | 3.446 | 0.220 | 13.18 | 1.73 | 3.24 | 20.92 | 2.18 | 5.28 | 5.46 | 1.11 | 2.52 | 23.43 | 1.53 |
| | | 5 | | 5.415 | 4.251 | 0.220 | 16.02 | 1.72 | 3.97 | 25.42 | 2.17 | 6.42 | 6.61 | 1.10 | 2.98 | 29.33 | 1.57 |
| | | 8 | | 8.367 | 6.568 | 0.219 | 23.63 | 1.68 | 6.03 | 37.37 | 2.11 | 9.44 | 9.89 | 1.09 | 4.16 | 47.24 | 1.68 |
| 6.3 | 63 | 4 | 7 | 4.978 | 3.907 | 0.248 | 19.03 | 1.96 | 4.13 | 30.17 | 2.46 | 6.78 | 7.89 | 1.26 | 3.29 | 33.35 | 1.70 |
| | | 5 | | 6.143 | 4.822 | 0.248 | 23.17 | 1.94 | 5.08 | 36.77 | 2.45 | 8.25 | 9.57 | 1.25 | 3.90 | 41.73 | 1.74 |
| | | 6 | | 7.288 | 5.721 | 0.247 | 27.12 | 1.93 | 6.00 | 43.03 | 2.43 | 9.66 | 11.20 | 1.24 | 4.46 | 50.14 | 1.78 |
| | | 8 | | 9.515 | 7.469 | 0.247 | 34.46 | 1.90 | 7.75 | 54.56 | 2.40 | 12.25 | 14.33 | 1.23 | 5.47 | 67.11 | 1.85 |
| | | 10 | | 11.657 | 9.151 | 0.246 | 41.09 | 1.86 | 9.39 | 64.85 | 2.36 | 14.56 | 17.33 | 1.22 | 6.36 | 84.31 | 1.93 |

| 角钢号数 | 尺寸/mm | | | 截面面积/cm² | 理论重量/(kg·m⁻¹) | 外表面积/(m²·m⁻¹) | 参考数值 | | | | | | | | | | | | |
|---|---|---|---|---|---|---|---|---|---|---|---|---|---|---|---|---|---|---|
| | | | | | | | $x-x$ | | | $x_0-x_0$ | | | $y_0-y_0$ | | | $x_1-x_1$ | $z_0$ | | |
| | $b$ | $d$ | $r$ | | | | $I_x$/cm² | $i_x$/cm | $W_x$/cm³ | $I_{x_0}$/cm² | $i_{x_0}$/cm | $W_{x_0}$/cm³ | $I_{y_0}$/cm² | $i_{y_0}$/cm | $W_{y_0}$/cm³ | $I_{x_1}$/cm² | /cm | | |
| 7 | 70 | 4 | 8 | 5.570 | 4.372 | 0.275 | 26.39 | 2.18 | 5.14 | 41.80 | 2.74 | 8.44 | 10.99 | 1.40 | 4.17 | 45.74 | 1.86 | | |
| | | 5 | | 6.875 | 5.397 | 0.275 | 32.21 | 2.16 | 6.32 | 51.08 | 2.73 | 10.32 | 13.34 | 1.39 | 4.96 | 57.21 | 1.91 | | |
| | | 6 | | 8.160 | 6.406 | 0.275 | 37.77 | 2.15 | 7.48 | 59.93 | 2.71 | 12.11 | 15.61 | 1.38 | 5.67 | 68.73 | 1.95 | | |
| | | 7 | | 9.424 | 7.398 | 0.275 | 43.09 | 2.14 | 8.59 | 68.35 | 2.69 | 13.81 | 17.82 | 1.38 | 6.34 | 80.29 | 1.99 | | |
| | | 8 | | 10.667 | 8.373 | 0.274 | 48.17 | 2.12 | 9.678 | 76.37 | 2.68 | 15.43 | 19.98 | 1.37 | 6.98 | 91.92 | 2.03 | | |
| (7.5) | 75 | 5 | 9 | 7.367 | 5.818 | 0.295 | 39.97 | 2.33 | 7.32 | 63.30 | 2.92 | 11.94 | 16.63 | 1.50 | 5.77 | 70.56 | 2.04 | | |
| | | 6 | | 8.797 | 6.905 | 0.294 | 46.95 | 2.31 | 8.64 | 74.38 | 2.90 | 14.02 | 19.51 | 1.49 | 6.67 | 84.55 | 2.07 | | |
| | | 7 | | 10.160 | 7.976 | 0.294 | 53.57 | 2.30 | 9.93 | 84.96 | 2.89 | 16.02 | 22.18 | 1.48 | 7.44 | 98.71 | 2.11 | | |
| | | 8 | | 11.503 | 9.030 | 0.294 | 59.95 | 2.38 | 11.20 | 95.07 | 2.88 | 17.93 | 24.86 | 1.47 | 8.19 | 112.97 | 2.15 | | |
| | | 10 | | 14.126 | 11.089 | 0.293 | 71.98 | 2.25 | 13.64 | 113.92 | 2.84 | 21.48 | 30.05 | 1.46 | 9.56 | 141.71 | 2.22 | | |
| 8 | 80 | 5 | 9 | 7.912 | 6.211 | 0.315 | 48.79 | 2.48 | 8.34 | 77.33 | 3.13 | 13.67 | 20.25 | 1.60 | 6.66 | 85.36 | 2.15 | | |
| | | 6 | | 9.397 | 7.376 | 0.314 | 57.35 | 2.47 | 9.87 | 90.98 | 3.11 | 16.08 | 23.72 | 1.59 | 7.65 | 102.50 | 2.19 | | |
| | | 7 | | 10.860 | 8.525 | 0.314 | 65.58 | 2.46 | 11.37 | 104.07 | 3.10 | 18.40 | 27.09 | 1.58 | 8.58 | 119.70 | 2.23 | | |
| | | 8 | | 12.303 | 9.558 | 0.314 | 73.49 | 2.44 | 12.83 | 116.60 | 3.08 | 20.61 | 30.39 | 1.57 | 9.46 | 136.97 | 2.27 | | |
| | | 10 | | 15.126 | 11.874 | 0.313 | 88.43 | 2.42 | 15.64 | 140.09 | 3.04 | 24.76 | 36.77 | 1.56 | 11.08 | 171.74 | 2.35 | | |
| 9 | 90 | 6 | 10 | 10.637 | 8.350 | 0.354 | 82.77 | 2.79 | 12.61 | 131.26 | 3.51 | 20.63 | 34.28 | 1.80 | 9.95 | 145.87 | 2.44 | | |
| | | 7 | | 13.301 | 9.656 | 0.354 | 94.83 | 2.78 | 14.54 | 150.47 | 3.50 | 23.64 | 39.18 | 1.78 | 11.19 | 170.30 | 2.48 | | |
| | | 8 | | 13.944 | 10.946 | 0.353 | 106.47 | 2.76 | 16.42 | 168.97 | 3.48 | 26.55 | 43.97 | 1.78 | 12.35 | 194.80 | 2.52 | | |
| | | 10 | | 17.167 | 13.476 | 0.353 | 128.58 | 2.74 | 20.07 | 203.90 | 3.45 | 32.04 | 53.26 | 1.76 | 14.52 | 244.07 | 2.59 | | |
| | | 12 | | 20.306 | 15.940 | 0.352 | 149.22 | 2.71 | 23.57 | 236.21 | 3.41 | 37.12 | 62.22 | 1.75 | 16.49 | 293.76 | 2.67 | | |

续表 1

| 角钢号数 | 尺寸/mm | | | 截面面积/cm² | 理论重量/(kg·m⁻¹) | 外表面积/(m²·m⁻¹) | 参考数值 | | | | | | | | | | |
| | b | d | r | | | | $x-x$ | | | $x_0-x_0$ | | | $y_0-y_0$ | | | $x_1-x_1$ | $z_0$ |
| | | | | | | | $I_x$/cm⁴ | $i_x$/cm | $W_x$/cm³ | $I_{x_0}$/cm⁴ | $i_{x_0}$/cm | $W_{x_0}$/cm³ | $I_{y_0}$/cm⁴ | $i_{y_0}$/cm | $W_{y_0}$/cm³ | $I_{x_1}$/cm⁴ | /cm |
| 10 | 100 | 6 | 12 | 11.932 | 9.366 | 0.393 | 114.95 | 3.01 | 15.68 | 181.98 | 3.90 | 25.74 | 47.92 | 2.00 | 12.69 | 200.07 | 2.67 |
| | | 7 | | 13.796 | 10.830 | 0.393 | 131.86 | 3.09 | 18.10 | 208.97 | 3.89 | 29.55 | 54.74 | 1.99 | 14.26 | 233.54 | 2.71 |
| | | 8 | | 15.638 | 12.276 | 0.393 | 148.24 | 3.08 | 20.47 | 235.07 | 3.88 | 33.24 | 61.41 | 1.98 | 15.75 | 267.09 | 2.76 |
| | | 10 | | 19.261 | 15.120 | 0.392 | 179.51 | 3.05 | 25.06 | 284.68 | 3.84 | 40.26 | 74.35 | 1.96 | 18.54 | 334.48 | 2.84 |
| | | 12 | | 22.800 | 17.898 | 0.391 | 208.90 | 3.03 | 29.48 | 330.95 | 3.81 | 46.80 | 86.84 | 1.95 | 21.08 | 402.34 | 2.91 |
| | | 14 | | 26.256 | 20.611 | 0.391 | 236.53 | 3.00 | 33.73 | 374.06 | 3.77 | 52.90 | 99.00 | 1.94 | 23.44 | 470.75 | 2.99 |
| | | 16 | | 29.627 | 23.257 | 0.390 | 262.53 | 2.98 | 37.82 | 414.16 | 3.74 | 58.57 | 110.89 | 1.94 | 25.63 | 539.80 | 3.06 |
| 11 | 110 | 7 | 12 | 15.196 | 11.928 | 0.433 | 177.16 | 3.41 | 22.05 | 280.94 | 4.30 | 36.12 | 73.38 | 2.20 | 17.51 | 310.64 | 2.96 |
| | | 8 | | 17.238 | 13.532 | 0.433 | 199.46 | 3.40 | 24.95 | 316.49 | 4.28 | 40.69 | 82.42 | 2.19 | 19.39 | 355.20 | 3.01 |
| | | 10 | | 21.261 | 16.690 | 0.432 | 242.19 | 3.38 | 30.60 | 384.39 | 4.25 | 49.42 | 99.98 | 2.17 | 22.91 | 444.65 | 3.09 |
| | | 12 | | 25.200 | 19.782 | 0.431 | 282.55 | 3.35 | 36.05 | 448.17 | 4.22 | 57.62 | 116.93 | 2.15 | 26.15 | 534.60 | 3.16 |
| | | 14 | | 29.056 | 22.809 | 0.431 | 320.71 | 3.32 | 41.31 | 508.01 | 4.18 | 65.31 | 133.40 | 2.14 | 29.14 | 625.16 | 3.24 |
| 12.5 | 125 | 8 | 14 | 19.750 | 15.504 | 0.492 | 297.03 | 3.88 | 32.52 | 470.89 | 4.88 | 43.28 | 123.16 | 2.50 | 25.86 | 521.01 | 3.87 |
| | | 10 | | 24.373 | 19.133 | 0.491 | 361.67 | 3.85 | 39.97 | 573.89 | 4.85 | 64.93 | 149.46 | 2.48 | 30.62 | 651.93 | 3.45 |
| | | 12 | | 28.912 | 22.696 | 0.491 | 423.16 | 3.83 | 41.17 | 671.44 | 4.82 | 75.96 | 174.88 | 2.46 | 35.03 | 783.42 | 3.53 |
| | | 14 | | 33.367 | 26.193 | 0.490 | 481.65 | 3.80 | 54.16 | 763.73 | 4.78 | 86.41 | 199.57 | 2.45 | 39.13 | 915.61 | 3.61 |
| 14 | 140 | 10 | 14 | 27.373 | 21.488 | 0.551 | 514.65 | 4.34 | 50.58 | 817.27 | 5.46 | 82.56 | 212.04 | 2.78 | 39.20 | 915.11 | 3.82 |
| | | 12 | | 32.512 | 25.522 | 0.551 | 603.68 | 4.31 | 59.80 | 958.79 | 5.43 | 96.85 | 248.57 | 2.76 | 45.02 | 1099.28 | 3.90 |
| | | 14 | | 37.567 | 29.490 | 0.550 | 688.81 | 4.28 | 68.75 | 1093.56 | 5.40 | 110.47 | 284.06 | 2.75 | 50.45 | 1284.22 | 3.98 |
| | | 16 | | 42.539 | 33.393 | 0.549 | 770.24 | 4.26 | 77.46 | 1221.81 | 5.36 | 123.42 | 318.67 | 2.74 | 55.55 | 1470.07 | 4.06 |

| 角钢号数 | 尺寸/mm | | | 截面面积 /cm² | 理论重量 /(kg·m⁻¹) | 外表面积 /(m²·m⁻¹) | 参考数值 | | | | | | | | | | |
| --- | --- | --- | --- | --- | --- | --- | --- | --- | --- | --- | --- | --- | --- | --- | --- | --- | --- |
| | b | d | r | | | | x−x | | | x0−x0 | | | y0−y0 | | | x1−x1 | z0 /cm |
| | | | | | | | $I_x$ /cm⁴ | $i_x$ /cm | $W_x$ /cm³ | $I_{x0}$ /cm⁴ | $i_{x0}$ /cm | $W_{x0}$ /cm³ | $I_{y0}$ /cm⁴ | $i_{y0}$ /cm | $W_{y0}$ /cm³ | $I_{x1}$ /cm² | |
| 16 | 160 | 10 | 16 | 31.502 | 24.729 | 0.630 | 779.53 | 4.98 | 66.70 | 1237.30 | 6.27 | 109.36 | 321.76 | 3.20 | 52.76 | 1365.33 | 4.31 |
| | | 12 | | 37.441 | 29.391 | 0.630 | 916.58 | 4.95 | 78.98 | 1455.68 | 6.24 | 128.67 | 377.49 | 3.18 | 60.74 | 1639.57 | 4.39 |
| | | 14 | | 43.296 | 33.987 | 0.629 | 1048.36 | 4.92 | 90.95 | 1665.02 | 6.20 | 147.17 | 431.70 | 3.16 | 68.244 | 1914.68 | 4.47 |
| | | 16 | | 49.067 | 38.518 | 0.629 | 1175.08 | 4.89 | 102.63 | 1865.57 | 6.17 | 164.89 | 484.59 | 3.14 | 75.31 | 2190.82 | 4.55 |
| 18 | 180 | 12 | 16 | 42.241 | 33.159 | 0.710 | 1321.35 | 5.59 | 100.82 | 2100.10 | 7.05 | 165.00 | 542.61 | 3.58 | 78.41 | 2332.80 | 4.89 |
| | | 14 | | 48.896 | 38.388 | 0.709 | 1514.48 | 5.56 | 116.25 | 2407.42 | 7.02 | 189.14 | 625.53 | 3.56 | 88.38 | 2723.48 | 4.97 |
| | | 16 | | 55.467 | 43.542 | 0.709 | 1700.99 | 5.54 | 131.13 | 2703.37 | 6.98 | 212.40 | 698.60 | 3.55 | 97.83 | 3115.29 | 5.05 |
| | | 18 | | 61.955 | 48.634 | 0.708 | 1875.12 | 5.50 | 145.64 | 2988.24 | 6.94 | 234.78 | 762.01 | 3.51 | 105.14 | 3502.43 | 5.13 |
| 20 | 200 | 14 | 18 | 54.642 | 42.894 | 0.788 | 2103.55 | 6.20 | 144.70 | 3343.26 | 7.85 | 236.40 | 863.83 | 3.98 | 111.82 | 3734.10 | 5.46 |
| | | 16 | | 62.013 | 48.680 | 0.788 | 2366.15 | 6.18 | 163.65 | 3760.89 | 7.79 | 265.93 | 971.41 | 3.96 | 123.96 | 4270.39 | 5.54 |
| | | 18 | | 69.301 | 54.401 | 0.787 | 2620.64 | 6.15 | 182.22 | 4164.54 | 7.75 | 294.48 | 1076.74 | 3.94 | 135.52 | 4808.13 | 5.62 |
| | | 20 | | 76.505 | 60.056 | 0.787 | 2867.30 | 6.12 | 200.42 | 4554.55 | 7.72 | 322.06 | 1180.04 | 3.93 | 146.55 | 5347.51 | 5.69 |
| | | 24 | | 90.661 | 71.168 | 0.785 | 3338.25 | 6.07 | 236.17 | 5294.97 | 7.64 | 374.41 | 1381.53 | 3.90 | 166.55 | 6457.16 | 5.87 |

注：截面图中的 $r_1=\dfrac{1}{3}d$ 及表中 $r$ 值的数据用于孔型设计，不做交货条件。

## 表2 热轧不等边角钢（GB 9788—1988）

符号意义：
B——长边宽度；
d——边厚度；
r₁——边端内圆弧半径；
i——惯性半径；
x₀——重心距离；
b——短边宽度；
r——内圆弧半径；
W——截面系数；
y₀——重心距离。

| 角号数 | 尺寸/mm | | | | 截面面积 /cm² | 理论重量 /(kg·m⁻¹) | 外表面积 /(m²·m⁻¹) | 参考数值 | | | | | | | | | | | | | | |
|---|---|---|---|---|---|---|---|---|---|---|---|---|---|---|---|---|---|---|---|---|---|---|
| | B | b | d | r | | | | x－x | | | y－y | | | x₁－x₁ | | y₁－y₁ | | u－u | | | |
| | | | | | | | | $I_x$ /cm⁴ | $i_x$ /cm | $W_x$ /cm³ | $I_y$ /cm⁴ | $i_y$ /cm | $W_y$ /cm³ | $I_{x1}$ /cm⁴ | $y_0$ /cm | $I_{y1}$ /cm⁴ | $x_0$ /cm | $I_u$ /cm⁴ | $i_u$ /cm | $W_u$ /cm³ | $\tan\alpha$ |
| 2.5/1.6 | 25 | 16 | 3 | 3.5 | 1.162 | 0.912 | 0.080 | 0.70 | 0.78 | 0.43 | 0.22 | 0.41 | 0.19 | 1.56 | 0.86 | 0.43 | 0.42 | 0.14 | 0.34 | 0.16 | 0.392 |
| | | | 4 | | 1.499 | 1.176 | 0.079 | 0.88 | 0.77 | 0.55 | 0.27 | 0.43 | 0.24 | 2.09 | 0.90 | 0.59 | 0.46 | 0.17 | 0.34 | 0.20 | 0.381 |
| 3.2/2 | 32 | 20 | 3 | 3.5 | 1.492 | 1.171 | 0.102 | 1.53 | 1.01 | 0.72 | 0.46 | 0.55 | 0.30 | 3.27 | 1.08 | 0.82 | 0.49 | 0.28 | 0.43 | 0.25 | 0.382 |
| | | | 4 | | 1.939 | 1.522 | 0.101 | 1.93 | 1.00 | 0.93 | 0.57 | 0.54 | 0.39 | 4.37 | 1.12 | 1.12 | 0.53 | 0.35 | 0.42 | 0.32 | 0.374 |
| 4/2.5 | 40 | 25 | 3 | 4 | 1.890 | 1.484 | 0.127 | 3.08 | 1.28 | 1.15 | 0.93 | 0.70 | 0.49 | 6.39 | 1.32 | 1.59 | 0.59 | 0.56 | 0.54 | 0.40 | 0.386 |
| | | | 4 | | 2.467 | 1.936 | 0.127 | 3.93 | 1.26 | 1.49 | 1.18 | 0.69 | 0.63 | 8.53 | 1.37 | 2.14 | 0.63 | 0.71 | 0.54 | 0.52 | 0.381 |
| 4.5/2.8 | 45 | 28 | 3 | 5 | 2.149 | 1.687 | 0.143 | 4.45 | 1.44 | 1.47 | 1.37 | 0.79 | 0.62 | 9.10 | 1.47 | 2.23 | 0.64 | 0.80 | 0.61 | 0.51 | 0.383 |
| | | | 4 | | 2.806 | 2.203 | 0.143 | 5.69 | 1.42 | 1.91 | 1.70 | 0.78 | 0.80 | 12.13 | 1.51 | 3.00 | 0.68 | 1.02 | 0.60 | 0.66 | 0.380 |
| 5/3.2 | 50 | 32 | 3 | 5.5 | 2.431 | 1.908 | 0.161 | 6.24 | 1.60 | 1.84 | 2.02 | 0.91 | 0.82 | 12.49 | 1.60 | 3.31 | 0.73 | 1.20 | 0.70 | 0.68 | 0.404 |
| | | | 4 | | 3.177 | 2.494 | 0.160 | 8.02 | 1.59 | 2.39 | 2.58 | 0.90 | 1.06 | 16.65 | 1.65 | 4.45 | 0.77 | 1.53 | 0.69 | 0.87 | 0.402 |
| 5.6/3.6 | 56 | 36 | 3 | 6 | 2.743 | 2.153 | 0.181 | 8.88 | 1.80 | 2.32 | 2.92 | 1.03 | 1.05 | 17.54 | 1.78 | 4.70 | 0.80 | 1.73 | 0.79 | 0.87 | 0.408 |
| | | | 4 | | 3.590 | 2.818 | 0.180 | 11.45 | 1.79 | 3.03 | 3.76 | 1.02 | 1.37 | 23.39 | 1.82 | 6.33 | 0.85 | 2.23 | 0.79 | 1.13 | 0.408 |
| | | | 5 | | 4.415 | 3.466 | 0.180 | 13.86 | 1.77 | 3.71 | 4.49 | 1.01 | 1.65 | 29.25 | 1.87 | 7.94 | 0.88 | 2.67 | 0.78 | 1.36 | 0.404 |

| 角钢号数 | 尺寸/mm B | b | d | r | 截面面积/cm² | 理论重量/(kg·m⁻¹) | 外表面积/(m²·m⁻¹) | 参考数值 $x-x$ $I_x$/cm⁴ | $i_x$/cm | $W_x$/cm³ | $y-y$ $I_y$/cm⁴ | $i_y$/cm | $W_y$/cm³ | $x_1-x_1$ $I_{x_1}$/cm⁴ | $y_0$/cm | $y_1-y_1$ $I_{y_1}$/cm⁴ | $x_0$/cm | $u-u$ $I_u$/cm⁴ | $i_u$/cm | $W_u$/cm³ | $\tan\alpha$ |
|---|---|---|---|---|---|---|---|---|---|---|---|---|---|---|---|---|---|---|---|---|---|
| 6.3/4 | 63 | 40 | 4 | 7 | 4.058 | 3.185 | 0.202 | 16.49 | 2.02 | 3.87 | 5.23 | 1.14 | 1.70 | 33.30 | 2.04 | 8.63 | 0.92 | 3.12 | 0.88 | 1.40 | 0.398 |
|  |  |  | 5 |  | 4.993 | 3.920 | 0.202 | 20.92 | 2.00 | 4.74 | 6.31 | 1.12 | 2.71 | 41.63 | 2.08 | 10.86 | 0.95 | 3.76 | 0.87 | 1.71 | 0.396 |
|  |  |  | 6 |  | 5.908 | 4.538 | 0.201 | 23.36 | 1.96 | 5.59 | 7.29 | 1.11 | 2.43 | 49.98 | 2.12 | 13.12 | 0.99 | 4.34 | 0.86 | 1.99 | 0.393 |
|  |  |  | 7 |  | 6.802 | 5.339 | 0.201 | 26.53 | 1.98 | 6.40 | 8.24 | 1.10 | 2.78 | 58.07 | 2.15 | 15.47 | 1.03 | 4.97 | 0.86 | 2.29 | 0.389 |
| 7/4.5 | 70 | 45 | 4 | 7.5 | 4.547 | 3.570 | 0.226 | 23.17 | 2.26 | 4.86 | 7.55 | 1.29 | 2.17 | 45.92 | 2.24 | 12.26 | 1.02 | 4.40 | 0.98 | 1.77 | 0.410 |
|  |  |  | 5 |  | 5.609 | 4.403 | 0.225 | 27.95 | 2.23 | 5.92 | 9.13 | 1.28 | 2.65 | 57.10 | 2.28 | 15.39 | 1.06 | 5.40 | 0.98 | 2.19 | 0.407 |
|  |  |  | 6 |  | 6.647 | 5.218 | 0.225 | 32.54 | 2.21 | 6.95 | 10.62 | 1.26 | 3.12 | 68.35 | 2.32 | 18.58 | 1.09 | 6.35 | 0.98 | 2.59 | 0.404 |
|  |  |  | 7 |  | 7.657 | 6.011 | 0.225 | 37.22 | 2.20 | 8.03 | 12.01 | 1.25 | 3.57 | 79.99 | 2.36 | 21.84 | 1.13 | 7.16 | 0.97 | 2.94 | 0.402 |
| (7.5/5) | 75 | 50 | 5 | 8 | 6.125 | 4.808 | 0.245 | 34.86 | 2.39 | 6.83 | 12.61 | 1.44 | 3.30 | 70.00 | 2.40 | 21.04 | 1.17 | 7.41 | 1.10 | 2.74 | 0.435 |
|  |  |  | 6 |  | 7.260 | 5.699 | 0.245 | 41.12 | 2.38 | 8.12 | 14.70 | 1.42 | 3.88 | 84.30 | 2.44 | 25.37 | 1.21 | 8.54 | 1.08 | 3.19 | 0.435 |
|  |  |  | 8 |  | 9.467 | 7.431 | 0.244 | 52.39 | 2.35 | 10.52 | 18.53 | 1.40 | 4.99 | 112.50 | 2.52 | 34.23 | 1.29 | 10.87 | 1.07 | 4.10 | 0.429 |
|  |  |  | 10 |  | 11.590 | 9.098 | 0.244 | 62.71 | 2.33 | 12.79 | 21.96 | 1.38 | 6.04 | 140.80 | 2.60 | 43.43 | 1.36 | 13.10 | 1.06 | 4.99 | 0.423 |
| 8/5 | 80 | 50 | 5 | 8 | 6.375 | 5.005 | 0.255 | 41.96 | 2.56 | 7.78 | 12.81 | 1.42 | 3.32 | 85.21 | 2.60 | 21.06 | 1.14 | 7.66 | 1.10 | 2.74 | 0.388 |
|  |  |  | 6 |  | 7.560 | 5.935 | 0.255 | 49.49 | 2.56 | 9.25 | 14.95 | 1.41 | 3.91 | 102.53 | 2.65 | 25.41 | 1.18 | 8.85 | 1.08 | 3.20 | 0.387 |
|  |  |  | 7 |  | 8.724 | 6.848 | 0.255 | 56.16 | 2.54 | 10.58 | 16.96 | 1.39 | 4.48 | 119.33 | 2.69 | 29.82 | 1.21 | 10.18 | 1.08 | 3.70 | 0.384 |
|  |  |  | 8 |  | 9.867 | 7.745 | 0.254 | 62.83 | 2.52 | 11.92 | 18.85 | 1.38 | 5.03 | 136.41 | 2.73 | 34.32 | 1.25 | 11.38 | 1.07 | 4.16 | 0.381 |
| 9/5.6 | 90 | 56 | 5 | 9 | 7.212 | 5.661 | 0.287 | 60.45 | 2.90 | 9.92 | 18.32 | 1.59 | 4.21 | 121.32 | 2.91 | 29.53 | 1.25 | 10.98 | 1.23 | 3.49 | 0.385 |
|  |  |  | 6 |  | 8.557 | 6.717 | 0.286 | 71.03 | 2.88 | 11.74 | 21.42 | 1.58 | 4.96 | 145.59 | 2.95 | 35.58 | 1.29 | 12.90 | 1.23 | 4.18 | 0.384 |
|  |  |  | 7 |  | 9.880 | 7.756 | 0.286 | 81.01 | 2.86 | 13.49 | 24.36 | 1.57 | 5.70 | 169.66 | 3.00 | 41.71 | 1.33 | 14.67 | 1.22 | 4.72 | 0.382 |
|  |  |  | 8 |  | 11.183 | 8.779 | 0.286 | 91.03 | 2.85 | 15.27 | 27.15 | 1.56 | 6.41 | 194.17 | 3.04 | 47.93 | 1.36 | 16.34 | 1.21 | 5.29 | 0.380 |

续表2

| 角钢号数 | 尺寸/mm | | | | 截面面积 /cm² | 理论重量 /(kg·m⁻¹) | 外表面积 /(m²·m⁻¹) | 参考数值 | | | | | | | | | | | | | |
|---|---|---|---|---|---|---|---|---|---|---|---|---|---|---|---|---|---|---|---|---|---|
| | | | | | | | | x−x | | | y−y | | | x₁−x₁ | | y₁−y₁ | | u−u | | | tanα |
| | B | b | d | r | | | | $I_x$ /cm⁴ | $i_x$ /cm | $W_x$ /cm³ | $I_y$ /cm⁴ | $i_y$ /cm | $W_y$ /cm³ | $I_{x_1}$ /cm⁴ | $y_0$ /cm | $I_{y_1}$ /cm⁴ | $x_0$ /cm | $I_u$ /cm⁴ | $i_u$ /cm | $W_u$ /cm³ | |
| 10/6.3 | 100 | 63 | 6 | 10 | 9.617 | 7.550 | 0.320 | 99.06 | 3.21 | 14.64 | 30.94 | 1.79 | 6.35 | 199.71 | 3.24 | 50.50 | 1.43 | 18.42 | 1.38 | 5.25 | 0.394 |
| | | | 7 | | 11.111 | 8.722 | 0.320 | 113.45 | 3.29 | 16.88 | 35.26 | 1.78 | 7.29 | 233.00 | 3.28 | 59.14 | 1.47 | 21.00 | 1.38 | 6.02 | 0.393 |
| | | | 8 | | 12.584 | 9.878 | 0.319 | 127.37 | 3.18 | 19.08 | 39.39 | 1.77 | 8.21 | 266.32 | 3.32 | 67.88 | 1.50 | 23.50 | 1.37 | 6.78 | 0.391 |
| | | | 10 | | 15.467 | 12.142 | 0.310 | 153.81 | 3.15 | 23.32 | 47.12 | 1.74 | 9.98 | 333.06 | 3.40 | 85.73 | 1.58 | 28.33 | 1.35 | 8.24 | 0.387 |
| 10/8 | 100 | 80 | 6 | 10 | 10.637 | 8.350 | 0.354 | 107.04 | 3.17 | 15.19 | 61.24 | 2.40 | 10.16 | 199.83 | 2.95 | 102.68 | 1.97 | 31.65 | 1.72 | 8.37 | 0.627 |
| | | | 7 | | 12.301 | 9.656 | 0.354 | 122.73 | 3.16 | 17.52 | 70.08 | 2.39 | 11.71 | 233.20 | 3.00 | 119.98 | 2.01 | 36.17 | 1.72 | 9.60 | 0.626 |
| | | | 8 | | 13.944 | 10.946 | 0.353 | 137.92 | 3.14 | 19.81 | 78.58 | 2.37 | 13.21 | 266.61 | 3.04 | 137.37 | 2.05 | 40.58 | 1.71 | 10.80 | 0.625 |
| | | | 10 | | 17.167 | 13.476 | 0.353 | 166.87 | 3.12 | 24.24 | 94.65 | 2.35 | 16.12 | 333.63 | 3.12 | 172.48 | 2.13 | 49.10 | 1.69 | 13.12 | 0.622 |
| 11/7 | 110 | 70 | 6 | 10 | 10.673 | 8.350 | 0.354 | 133.37 | 3.54 | 17.85 | 42.92 | 2.01 | 7.90 | 265.78 | 3.53 | 69.08 | 1.57 | 25.35 | 1.54 | 6.53 | 0.403 |
| | | | 7 | | 12.301 | 9.656 | 0.354 | 153.00 | 3.53 | 20.60 | 49.01 | 2.00 | 9.09 | 310.07 | 3.57 | 80.82 | 1.61 | 28.95 | 1.53 | 7.50 | 0.402 |
| | | | 8 | | 13.944 | 10.946 | 0.353 | 172.04 | 3.51 | 23.30 | 54.87 | 1.98 | 10.25 | 354.39 | 3.62 | 92.70 | 1.65 | 32.45 | 1.53 | 8.45 | 0.401 |
| | | | 10 | | 17.167 | 13.476 | 0.353 | 208.39 | 3.48 | 28.54 | 65.88 | 1.96 | 12.48 | 443.13 | 3.70 | 116.83 | 1.72 | 39.20 | 1.51 | 10.29 | 0.397 |
| 12.5/8 | 125 | 80 | 7 | 11 | 14.096 | 11.066 | 0.403 | 227.98 | 4.02 | 26.86 | 74.42 | 2.30 | 12.01 | 454.99 | 4.01 | 120.32 | 1.80 | 43.81 | 1.76 | 9.92 | 0.408 |
| | | | 8 | | 15.989 | 12.551 | 0.403 | 256.77 | 4.01 | 30.41 | 83.49 | 2.28 | 13.56 | 519.99 | 4.06 | 137.85 | 1.84 | 49.15 | 1.75 | 11.18 | 0.407 |
| | | | 10 | | 19.712 | 15.474 | 0.402 | 312.04 | 3.98 | 37.33 | 100.67 | 2.26 | 16.56 | 650.09 | 4.14 | 173.40 | 1.92 | 59.45 | 1.74 | 13.64 | 0.404 |
| | | | 12 | | 23.351 | 18.330 | 0.402 | 364.41 | 3.95 | 44.01 | 116.67 | 2.24 | 19.43 | 780.39 | 4.22 | 209.67 | 2.00 | 69.35 | 1.72 | 16.01 | 0.400 |
| 14/9 | 140 | 90 | 8 | 12 | 18.038 | 14.160 | 0.453 | 365.64 | 4.50 | 38.48 | 120.69 | 2.59 | 17.34 | 730.53 | 4.50 | 195.79 | 2.04 | 70.83 | 1.98 | 14.1 | 0.411 |
| | | | 10 | | 22.261 | 17.475 | 0.452 | 445.50 | 4.47 | 47.31 | 146.03 | 2.56 | 21.22 | 913.20 | 4.58 | 245.92 | 2.12 | 85.82 | 1.96 | 17.48 | 0.409 |
| | | | 12 | | 26.400 | 20.724 | 0.451 | 521.59 | 4.44 | 55.87 | 169.79 | 2.54 | 24.95 | 1096.09 | 4.66 | 296.89 | 2.19 | 100.21 | 1.95 | 20.54 | 0.406 |
| | | | 14 | | 30.456 | 23.908 | 0.451 | 594.10 | 4.42 | 64.18 | 192.10 | 2.51 | 28.54 | 1279.26 | 4.47 | 348.82 | 2.27 | 114.13 | 1.94 | 23.52 | 0.403 |

| 角钢号数 | 尺寸/mm B | b | d | r | 截面面积 /cm² | 理论重量 /(kg·m⁻¹) | 外表面积 /(m²·m⁻¹) | 参考数值 $x-x$ $I_x$ /cm⁴ | $i_x$ /cm | $W_x$ /cm³ | $y-y$ $I_y$ /cm⁴ | $i_y$ /cm | $W_y$ /cm³ | $x_1-x_1$ $I_{x1}$ /cm⁴ | $y_0$ /cm | $y_1-y_1$ $I_{y1}$ /cm⁴ | $x_0$ /cm | $u-u$ $I_u$ /cm⁴ | $i_u$ /cm | $W_u$ /cm³ | $\tan\alpha$ |
|---|---|---|---|---|---|---|---|---|---|---|---|---|---|---|---|---|---|---|---|---|---|
| 16/10 | 160 | 100 | 10 | 13 | 25.315 | 19.872 | 0.512 | 668.69 | 5.14 | 62.13 | 205.03 | 2.85 | 26.56 | 1362.89 | 5.24 | 336.59 | 2.28 | 121.74 | 2.19 | 21.92 | 0.390 |
| | | | 12 | | 30.054 | 23.592 | 0.511 | 784.91 | 5.11 | 73.49 | 239.06 | 2.82 | 31.28 | 1635.56 | 5.32 | 406.94 | 2.36 | 142.33 | 2.17 | 25.79 | 0.388 |
| | | | 14 | | 34.709 | 27.247 | 0.510 | 869.30 | 5.08 | 84.56 | 271.20 | 2.80 | 35.83 | 1908.50 | 5.40 | 476.42 | 2.43 | 162.2 | 2.16 | 29.56 | 0.385 |
| | | | 16 | | 39.281 | 30.835 | 0.510 | 1003.04 | 5.05 | 95.33 | 301.60 | 2.77 | 40.24 | 2181.79 | 5.48 | 548.22 | 2.51 | 182.57 | 2.16 | 33.44 | 0.382 |
| 18/11 | 180 | 110 | 10 | 14 | 28.373 | 22.273 | 0.571 | 956.25 | 5.80 | 78.96 | 278.11 | 3.13 | 32.49 | 1940.40 | 5.89 | 447.22 | 2.44 | 166.50 | 2.42 | 26.88 | 0.376 |
| | | | 12 | | 33.712 | 26.464 | 0.571 | 1124.72 | 5.78 | 93.53 | 325.03 | 3.10 | 38.32 | 2328.38 | 5.98 | 538.94 | 2.52 | 194.87 | 2.40 | 31.66 | 0.374 |
| | | | 14 | | 38.967 | 30.589 | 0.570 | 1286.91 | 5.75 | 107.76 | 369.55 | 3.08 | 43.97 | 2716.60 | 6.06 | 631.92 | 2.59 | 222.30 | 2.39 | 36.32 | 0.372 |
| | | | 16 | | 44.139 | 34.649 | 0.569 | 1443.06 | 5.72 | 121.64 | 411.85 | 3.06 | 49.44 | 3105.15 | 6.14 | 726.46 | 2.67 | 248.94 | 2.38 | 40.87 | 0.369 |
| 20/12.5 | 200 | 125 | 12 | 14 | 37.912 | 29.761 | 0.641 | 1570.90 | 6.44 | 116.73 | 483.16 | 3.57 | 49.99 | 3193.85 | 6.54 | 787.74 | 2.83 | 285.79 | 2.74 | 41.23 | 0.392 |
| | | | 14 | | 43.867 | 34.436 | 0.640 | 1800.97 | 6.41 | 134.65 | 550.83 | 3.54 | 57.44 | 3726.17 | 6.62 | 922.47 | 2.91 | 326.58 | 2.73 | 47.34 | 0.390 |
| | | | 16 | | 49.739 | 39.045 | 0.639 | 2023.35 | 6.38 | 152.18 | 615.44 | 3.52 | 64.69 | 4258.86 | 6.70 | 1058.86 | 2.99 | 366.21 | 2.71 | 53.32 | 0.388 |
| | | | 18 | | 55.526 | 43.588 | 0.639 | 2238.30 | 6.35 | 169.33 | 677.19 | 3.49 | 71.74 | 4792.00 | 6.78 | 1197.13 | 3.06 | 404.83 | 2.70 | 59.18 | 0.385 |

注: 1. 括号内型号不推荐使用。 2. 截面图中的 $r_1 = \frac{1}{3}d$ 及表中 $r$ 的数据用于孔型设计，不做交货条件。

表 3　热轧槽钢（GB 707—1988）

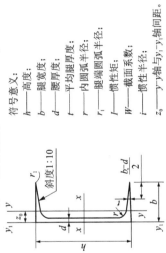

符号意义：
h—高度；
b—腿宽度；
d—腰厚度；
t—平均腿厚度；
r—内圆弧半径；
$r_1$—腿端圆弧半径；
I—惯性矩；
W—截面系数；
i—惯性半径；
$z_0$—y-y轴与$y_1$-$y_1$轴轴间距。

| 型号 | 尺寸/mm | | | | | | 截面面积 /cm² | 理论重量 /(kg·m⁻¹) | 参考数值 | | | | | | | |
|---|---|---|---|---|---|---|---|---|---|---|---|---|---|---|---|---|
| | | | | | | | | | x — x | | | y — y | | | $y_0 - y_0$ | $z_0$ /cm |
| | h | b | d | t | r | $r_1$ | | | $W_x$ /cm³ | $I_x$ /cm⁴ | $i_x$ /cm | $W_y$ /cm³ | $I_y$ /cm⁴ | $i_y$ /cm | $I_{y0}$ /cm⁴ | |
| 5 | 50 | 37 | 4.5 | 7 | 7 | 3.5 | 6.93 | 5.44 | 10.4 | 26 | 1.94 | 3.55 | 8.3 | 1.1 | 20.9 | 1.35 |
| 6.3 | 63 | 40 | 4.8 | 7.5 | 7.5 | 3.75 | 8.444 | 6.63 | 16.123 | 50.786 | 2.453 | | 11.872 | 1.185 | 28.38 | 1.36 |
| 8 | 80 | 43 | 5 | 8 | 8 | 4 | 10.24 | 8.04 | 25.3 | 101.3 | 3.15 | 5.79 | 16.6 | 1.27 | 37.4 | 1.43 |
| 10 | 100 | 48 | 5.3 | 8.5 | 8.5 | 4.25 | 12.74 | 10 | 39.7 | 198.3 | 3.95 | 7.8 | 25.6 | 1.41 | 54.9 | 1.52 |
| 12.6 | 126 | 53 | 5.5 | 9 | 9 | 4.5 | 15.69 | 12.37 | 62.137 | 391.466 | 4.953 | 10.242 | 37.99 | 1.567 | 77.09 | 1.59 |
| 14a | 140 | 58 | 6 | 9.5 | 9.5 | 4.75 | 18.51 | 14.53 | 80.5 | 563.7 | 5.52 | 13.01 | 53.2 | 1.7 | 107.1 | 1.71 |
| 14 | 140 | 60 | 8 | 9.5 | 9.5 | 4.75 | 23.31 | 16.73 | 87.1 | 609.4 | 5.35 | 14.12 | 61.1 | 1.69 | 120.6 | 1.67 |
| 16a | 160 | 63 | 5.5 | 10 | 10 | 5 | 21.95 | 17.23 | 108.3 | 866.2 | 6.28 | 16.3 | 73.3 | 1.83 | 144.1 | 1.8 |
| 16 | 160 | 65 | 8.5 | 10 | 10 | 5 | 25.15 | 19.74 | 116.8 | 934.5 | 6.1 | 17.55 | 83.4 | 1.82 | 160.8 | 1.75 |
| 18a | 180 | 68 | 7 | 10.5 | 10.5 | 5.25 | 25.69 | 20.17 | 141.4 | 1272.7 | 7.04 | 20.03 | 98.6 | 1.96 | 189.7 | 1.88 |
| 18 | 180 | 70 | 9 | 10.5 | 10.5 | 5.25 | 29.29 | 22.99 | 152.2 | 1369.9 | 6.84 | 21.52 | 111 | 1.95 | 210.1 | 1.84 |
| 20a | 200 | 73 | 7 | 11 | 11 | 5.5 | 28.83 | 22.63 | 178 | 1780.4 | 7.86 | 24.2 | 128 | 2.11 | 244 | 2.01 |
| 20 | 200 | 75 | 9 | 11 | 11 | 5.5 | 32.83 | 25.77 | 191.4 | 1913.7 | 7.64 | 25.88 | 143.6 | 2.09 | 268.4 | 1.95 |

| 型号 | 尺寸/mm | | | | | | 截面面积 /cm² | 理论重量 /(kg·m⁻¹) | 参考数值 | | | | | | | |
|---|---|---|---|---|---|---|---|---|---|---|---|---|---|---|---|---|
| | | | | | | | | | $x-x$ | | | $y-y$ | | | $y_0-y_0$ | $z_0$ |
| | $h$ | $b$ | $d$ | $t$ | $r$ | $r_1$ | | | $W_x$ /cm³ | $I_x$ /cm⁴ | $i_x$ /cm | $W_y$ /cm³ | $I_y$ /cm⁴ | $i_y$ /cm | $I_{y0}$ /cm⁴ | /cm |
| 22a | 220 | 77 | 7 | 11.5 | 11.5 | 5.75 | 31.84 | 24.99 | 217.6 | 2393.9 | 8.67 | 28.17 | 157.8 | 2.23 | 298.2 | 2.1 |
| 22 | 220 | 79 | 9 | 11.5 | 11.5 | 5.75 | 36.24 | 28.45 | 233.8 | 2571.4 | 8.42 | 30.05 | 176.4 | 2.21 | 326.3 | 2.03 |
| a | 250 | 78 | 7 | 12 | 12 | 6 | 34.91 | 27.47 | 269.597 | 3369.62 | 9.823 | 30.607 | 175.529 | 2.243 | 322.256 | 2.067 |
| 25b | 250 | 80 | 9 | 12 | 12 | 6 | 39.91 | 31.39 | 282.402 | 3530.04 | 9.405 | 32.657 | 196.421 | 2.218 | 353.187 | 1.982 |
| c | 250 | 82 | 11 | 12 | 12 | 6 | 44.91 | 35.32 | 295.236 | 3690.45 | 9.065 | 35.926 | 218.415 | 2.206 | 384.133 | 1.921 |
| a | 280 | 82 | 7.5 | 12.5 | 12.5 | 6.25 | 40.02 | 31.42 | 340.328 | 4764.59 | 10.91 | 35.718 | 217.989 | 2.333 | 387.566 | 2.097 |
| 28b | 280 | 84 | 9.5 | 12.5 | 12.5 | 6.25 | 45.62 | 35.81 | 366.46 | 5130.45 | 10.6 | 37.929 | 242.144 | 2.304 | 427.589 | 2.016 |
| c | 280 | 86 | 11.5 | 12.5 | 12.5 | 6.25 | 51.22 | 40.21 | 392.594 | 5496.32 | 10.35 | 40.301 | 267.602 | 2.286 | 426.597 | 1.951 |
| a | 320 | 88 | 8 | 14 | 14 | 7 | 48.7 | 38.22 | 474.879 | 7598.06 | 12.49 | 46.473 | 304.787 | 2.502 | 552.31 | 2.242 |
| 32b | 320 | 90 | 10 | 14 | 14 | 7 | 55.1 | 43.25 | 509.012 | 8144.2 | 12.15 | 49.157 | 336.332 | 2.471 | 592.933 | 2.158 |
| c | 320 | 92 | 12 | 14 | 14 | 7 | 61.5 | 48.28 | 543.145 | 8690.33 | 11.88 | 52.642 | 374.175 | 2.467 | 643.299 | 2.092 |
| a | 360 | 96 | 9 | 16 | 16 | 8 | 60.89 | 47.8 | 659.7 | 11874.2 | 13.97 | 63.54 | 455 | 2.73 | 818.4 | 2.44 |
| 36b | 360 | 98 | 11 | 16 | 16 | 8 | 68.09 | 53.45 | 702.9 | 12651.8 | 13.63 | 66.85 | 496.7 | 2.7 | 880.4 | 2.37 |
| c | 350 | 100 | 13 | 16 | 16 | 8 | 75.29 | 50.1 | 746.1 | 13429.4 | 13.36 | 70.02 | 536.4 | 2.67 | 947.9 | 2.34 |
| a | 400 | 100 | 10.5 | 18 | 18 | 9 | 75.05 | 58.91 | 878.9 | 17577.9 | 15.30 | 78.83 | 592 | 2.81 | 1067.6 | 2.49 |
| 40b | 400 | 102 | 12.5 | 18 | 18 | 9 | 83.05 | 65.19 | 932.2 | 18644.5 | 14.98 | 82.52 | 640 | 2.78 | 1135.6 | 2.44 |
| c | 400 | 104 | 14.5 | 18 | 18 | 9 | 91.05 | 71.47 | 985.6 | 19711.2 | 14.71 | 86.19 | 867.8 | 2.75 | 1220.7 | 2.42 |

## 表4 热轧工字钢（GB 706—1988）

符号意义：
$h$——高度；
$b$——腿宽度；
$d$——腰厚度；
$t$——平均腿厚度；
$r$——内圆弧半径；
$r_1$——腿端圆弧半径；
$I$——惯性矩；
$W$——截面矩；
$i$——惯性半径；
$S$——半截面的静矩。

斜度1:10

| 型号 | 尺寸/mm | | | | | | 截面面积 /cm² | 理论重量 /(kg·m⁻¹) | 参考数值 | | | | | | |
|---|---|---|---|---|---|---|---|---|---|---|---|---|---|---|---|
| | | | | | | | | | $x-x$ | | | | $y-y$ | | |
| | $h$ | $b$ | $d$ | $t$ | $r$ | $r_1$ | | | $I_x$ /cm⁴ | $W_x$ /cm³ | $i_x$ /cm | $I_x:S_x$ /m | $I_y$ /cm⁴ | $W_y$ /cm³ | $i_y$ /cm |
| 10 | 100 | 68 | 4.5 | 7.6 | 6.5 | 3.3 | 14.3 | 11.2 | 245 | 49 | 4.14 | 8.59 | 33 | 9.72 | 1.52 |
| 12.6 | 126 | 74 | 5 | 8.4 | 7 | 3.5 | 18.1 | 14.2 | 488.43 | 77.529 | 5.195 | 10.58 | 46.906 | 12.677 | 1.609 |
| 14 | 140 | 80 | 5.5 | 9.1 | 7.5 | 3.8 | 21.5 | 16.9 | 712 | 102 | 5.76 | 12 | 64.4 | 16.1 | 1.73 |
| 16 | 160 | 88 | 6 | 9.9 | 8 | 4 | 26.1 | 20.5 | 1130 | 141 | 6.58 | 13.8 | 93.1 | 21.2 | 1.89 |
| 18 | 180 | 94 | 6.5 | 10.7 | 8.5 | 4.3 | 30.6 | 24.1 | 1660 | 185 | 7.36 | 15.4 | 122 | 26 | 2 |
| 20a | 200 | 100 | 7 | 11.4 | 9 | 4.5 | 35.5 | 27.9 | 2370 | 237 | 8.15 | 17.2 | 158 | 31.5 | 2.12 |
| 20b | 200 | 102 | 9 | 11.4 | 9 | 4.5 | 39.5 | 31.1 | 2500 | 250 | 7.96 | 16.9 | 169 | 33.1 | 2.06 |
| 22a | 220 | 110 | 7.5 | 12.3 | 9.5 | 4.8 | 42 | 33 | 340 | 309 | 8.99 | 18.9 | 225 | 40.9 | 2.31 |
| 22b | 220 | 112 | 9.5 | 12.3 | 9.5 | 4.8 | 46.4 | 36.4 | 3570 | 325 | 8.78 | 18.7 | 239 | 42.7 | 2.27 |
| 25a | 250 | 116 | 8 | 13 | 10 | 5 | 48.5 | 38.1 | 5023.54 | 401.88 | 10.8 | 21.58 | 280.046 | 47.283 | 2.403 |
| 25b | 250 | 118 | 10 | 13 | 10 | 5 | 53.5 | 42 | 5283.96 | 422.72 | 9.938 | 21.27 | 309.297 | 52.423 | 2.404 |
| 28a | 280 | 122 | 8.5 | 13.7 | 10.5 | 5.3 | 55.45 | 43.4 | 7114.14 | 508.15 | 11.32 | 24.62 | 345.051 | 56.565 | 2.495 |
| 28b | 280 | 124 | 10.5 | 13.7 | 10.5 | 5.3 | 61.05 | 47.9 | 7480 | 534.29 | 11.08 | 24.24 | 379.496 | 61.209 | 2.493 |

| 型号 | 尺寸/mm |  |  |  |  |  | 截面面积 /cm² | 理论重量 /(kg·m⁻¹) | 参考数值 |  |  |  |  |  |  |
|---|---|---|---|---|---|---|---|---|---|---|---|---|---|---|---|
|  | h | b | d | t | r | r₁ |  |  | x-x |  |  |  | y-y |  |  |
|  |  |  |  |  |  |  |  |  | $I_x$ /cm⁴ | $W_x$ /cm³ | $i_x$ /cm | $I_x:S_x$ /m | $I_y$ /cm⁴ | $W_y$ /cm³ | $i_y$ /cm |
| 32a | 320 | 130 | 9.5 | 15 | 11.5 | 5.8 | 67.05 | 52.7 | 11075.5 | 692.2 | 12.84 | 27.46 | 459.93 | 70.759 | 2.619 |
| 32b | 320 | 132 | 11.5 | 15 | 11.5 | 5.8 | 73.45 | 57.7 | 11621.4 | 726.33 | 12.58 | 27.09 | 501.53 | 75.989 | 2.614 |
| 32c | 320 | 134 | 13.5 | 15 | 11.5 | 5.8 | 79.95 | 62.8 | 12167.5 | 760.47 | 12.34 | 26.77 | 543.81 | 81.166 | 2.608 |
| 36a | 360 | 136 | 10 | 15.8 | 12 | 6 | 76.3 | 59.9 | 15760 | 875 | 14.4 | 30.7 | 552 | 81.2 | 2.69 |
| 36b | 360 | 138 | 12 | 15.8 | 12 | 6 | 83.5 | 65.6 | 16530 | 919 | 14.1 | 30.3 | 582 | 84.3 | 2.64 |
| 36c | 360 | 140 | 14 | 15.8 | 12 | 6 | 90.7 | 71.2 | 17310 | 962 | 13.8 | 29.9 | 612 | 87.4 | 2.6 |
| 40a | 400 | 142 | 10.5 | 16.5 | 12.5 | 6.3 | 86.1 | 67.6 | 21720 | 1090 | 15.9 | 34.1 | 660 | 93.2 | 2.77 |
| 40b | 400 | 144 | 12.5 | 16.5 | 12.5 | 6.3 | 94.1 | 73.8 | 22780 | 1140 | 15.6 | 33.6 | 692 | 96.2 | 2.71 |
| 40c | 400 | 146 | 14.5 | 16.5 | 12.5 | 6.3 | 102 | 80.1 | 23850 | 1190 | 15.2 | 33.2 | 727 | 99.6 | 2.65 |
| 45a | 450 | 150 | 11.5 | 18 | 13.5 | 6.8 | 102 | 80.4 | 32240 | 1430 | 17.7 | 38.6 | 855 | 144 | 2.89 |
| 45b | 450 | 152 | 13.5 | 18 | 13.5 | 6.8 | 111 | 87.4 | 33760 | 1500 | 17.4 | 38 | 894 | 118 | 2.84 |
| 45c | 450 | 154 | 15.5 | 18 | 13.5 | 6.8 | 120 | 94.5 | 35280 | 1570 | 17.1 | 37.6 | 938 | 122 | 2.79 |
| 50a | 500 | 158 | 12 | 20 | 14 | 7 | 119 | 93.6 | 46470 | 1860 | 19.7 | 42.8 | 1120 | 142 | 3.07 |
| 50b | 500 | 160 | 14 | 20 | 14 | 7 | 129 | 101 | 48560 | 1940 | 19.4 | 42.4 | 1170 | 146 | 3.01 |
| 50c | 500 | 162 | 16 | 20 | 14 | 7 | 139 | 109 | 50640 | 2080 | 19 | 41.8 | 1220 | 151 | 2.96 |
| 56a | 560 | 165 | 12.5 | 21 | 14.5 | 7.3 | 135.25 | 106.2 | 65585.6 | 2342.31 | 22.02 | 47.73 | 1370.16 | 165.08 | 3.182 |
| 56b | 560 | 168 | 14.5 | 21 | 14.5 | 7.3 | 146.45 | 115 | 68512.5 | 2446.69 | 21.63 | 47.17 | 1486.75 | 174.25 | 3.162 |
| 56c | 560 | 170 | 16.5 | 21 | 14.5 | 7.3 | 157.85 | 123.9 | 71439.4 | 2551.41 | 21.27 | 46.66 | 1558.39 | 183.34 | 3.158 |
| 63a | 630 | 176 | 13 | 15 | 7.5 | 154.9 | 121.6 | 93916.2 | 2981.47 | 24.62 | 54.17 | 1700.55 | 193.24 | 3.314 |  |
| 63b | 630 | 178 | 15 | 22 | 15 | 7.5 | 167.5 | 131.5 | 98083.6 | 3163.98 | 24.2 | 53.51 | 1812.07 | 203.6 | 3.289 |
| 63c | 630 | 180 | 17 | 22 | 15 | 7.5 | 180.1 | 141 | 102251.1 | 3298.42 | 23.82 | 52.92 | 1924.91 | 213.88 | 3.268 |

注：截面图和表中标注的圆弧半径 r、r₁ 的数据用于孔型设计，不做交货条件。

# 参考文献

[1] 干光瑜，秦惠民. 材料力学[M]. 北京：高等教育出版社，1999.

[2] 刘鸿文. 材料力学[M]. 北京：高等教育出版社，1992.

[3] 裴伯永，盛兴旺，乔建东，文雨松. 桥梁工程[M]. 北京：中国铁道出版社，2002.

[4] 崔玉玺. 工程力学[M]. 北京：中国建筑工业出版社，2003.

[5] 胡人礼. 桥梁力学[M]. 北京：中国铁道出版社，1999.

[6] 范继昭. 建筑力学[M]. 北京：高等教育出版社，1992.

[7] 葛若东. 建筑力学[M]. 北京：中国建筑工业出版社，2004.

[8] Greiner R, Guggenberger W. Bucking behaviour of axially loaded steel cylinders on local supports with and without internal pressure[J]. Thin-Walled Structures. 1998.

[9] James M. Gere. Mechanics of Material (With CD-ROM) [M]. CL-Engineering 2000.

[10] 沈韶华. 工程力学[M]. 北京：经济科学出版社，2010.

[11] 吴明军，陈刚. 道路工程力学[M]. 北京：科学出版社，2005.

[12] 原方，邵兴，陈丽. 工程力学[M]. 北京：清华大学出版社，2012.

[13] 申向东. 材料力学[M]. 北京：中国水利水电出版社，2012.

[14] 陈云信. 工程力学[M]. 武汉：武汉大学出版社，2013.

[15] 徐玉华. 工程力学[M]. 北京：中国水利水电出版社，2011.

图书在版编目（CIP）数据

工程力学／朱耀淮,何奎元,袁科慧编著.—长沙：中南大学出版社,
2014.12(2020.1 重印)
ISBN 978 - 7 - 5487 - 1239 - 8

Ⅰ.工…　Ⅱ.①朱…②何…③袁…　Ⅲ.工程力学—高等
职业教育—教材　Ⅳ.TB12

中国版本图书馆 CIP 数据核字(2014)第 286073 号

## 工程力学

朱耀淮　何奎元　袁科慧　编著

| □责任编辑 | 谭　平 | |
|---|---|---|
| □责任印制 | 易建国 | |
| □出版发行 | 中南大学出版社 | |
| | 社址：长沙市麓山南路 | 邮编：410083 |
| | 发行科电话：0731 - 88876770 | 传真：0731 - 88710482 |
| □印　　装 | 长沙雅鑫印务有限公司 | |

| □开　　本 | 787 mm×1092 mm 1/16　□印张 11.75　□字数 290 千字 |
|---|---|
| □版　　次 | 2015 年 2 月第 1 版　□2020 年 1 月第 3 次印刷 |
| □书　　号 | ISBN 978 - 7 - 5487 - 1239 - 8 |
| □定　　价 | 36.00 元 |